济南市基坑降水回灌研究与应用

王国富　路林海　李　罡　编著

中国城市出版社

图书在版编目（CIP）数据

济南市基坑降水回灌研究与应用/王国富，路林海，李罡编著. —北京：中国城市出版社，2016. 6
ISBN 978-7-5074-3077-6

Ⅰ. ①济… Ⅱ. ①王… ②路… ③李… Ⅲ. ①基坑排水-研究-济南市 Ⅳ. ①TV551. 4

中国版本图书馆 CIP 数据核字（2016）第 125880 号

责任编辑：常 燕 付 娇 杨 允
责任校对：李欣慰 焦 乐

济南市基坑降水回灌研究与应用
王国富 路林海 李 罡 编著
*
中国城市出版社出版、发行（北京海淀三里河路 9 号）
各地新华书店、建筑书店经销
北京佳捷真科技发展有限公司制版
北京厚诚则铭印刷科技有限公司
*
开本：787×1092 毫米 1/16 印张：9¼ 字数：224 千字
2017 年 6 月第一版 2017 年 6 月第一次印刷
定价：**38.00** 元
ISBN 978-7-5074-3077-6
（904028）

本书编委会

主编单位： 济南轨道交通集团有限公司

参编单位： 上海交通大学

上海长凯岩土工程有限公司

山东大学

主　　编： 王国富　路林海　李　罡

编　　委： 马秀媛　唐卓华　王　倩　康学超

胡冰冰　王会刚　沈水龙　陈　晖

瞿成松　苏　烨　武法伟　刘家海

何　瑞　牛　磊　许烨霜

序

济南别称“泉城”，城内分布众多泉水，地下水蕴藏丰富。随着济南城市建设的快速发展和地下空间开发利用力度持续加大，基坑工程大量涌现，工程降水成为与之相配套的主要手段，由此产生的工程问题也日益突出，降水影响地下水渗流场的分布，造成地面沉降和泉水枯竭，而回灌是减少地面沉降、保护泉脉的有效措施，《济南市基坑降水回灌研究与应用》的出版正是符合济南地区城市建设的需要。

尽管回灌技术运用已久，但回灌效果与当地工程地质、水文地质条件密切相关。本书从理论出发，梳理了水文地质参数概念、止水帷幕和降水井的相互作用关系、降水原理和方法，针对济南地区地下储水空间分布特征，进行回灌适宜性分区和分级，深入研究回灌工艺，规范回灌设计和运行要求，并对回灌工程招投标做出明确规定，为济南地区基坑降水回灌的设计、施工提供了指导性意见。

岩土工程重在实践，作为工程难点——回灌工程更是如此。对于复杂的岩土工程问题应坚持理论和实践相结合的理念，在基本概念的指导下，通过工程实践，获得实测数据，进行反演分析，不断积累经验，再进一步取得理论上的创新突破。本书的出版已经打下良好的基础，为广大的工程从业人员指引了方向，相信通过济南新一轮城市建设工程的实践，将会结出更加丰硕的成果。

中国工程勘察设计大师

2016 年 5 月于上海

前　言

随着基坑工程的发展，尤其是近年来地下轨道交通建设的迅速发展，基坑降水工程对地下水生态环境的影响问题日益突出。如何采取合理基坑回灌技术，减少基坑降水对地下水渗流环境的影响，保护周围环境，成为一大工程难点，也是众多学者研究的热点。本书就是在这样的背景下着手编纂的。

本书在编写过程中，编制组经过广泛的调查研究，认真总结实践经验，参考国内外先进文献资料，开展了多项专题研究，在广泛征求意见的基础上，经过反复讨论、修改，最后审查定稿。

本书共分 9 章，主要内容包括：

第 1 章基坑工程与地下水。本章首先介绍基坑降水工程的特点、常用的基坑降水方法等，然后介绍了济南地区泉域地下水系统，并对目前济南地区基坑降水回灌现状进行分析。

第 2 章水文地质参数的测定。本章首先介绍水文地质学的基本概念，根据基坑降水回灌不同阶段对水文地质参数的要求，详细介绍了水文地质参数的室内试验测定方法，以及野外现场试验测定方法。

第 3 章基坑外回灌水位与水量的关系。本章基于水文地质学基本假设与理论，对单井回灌与群井回灌过程中，回灌井水位与水量的关系进行推导，并考虑边界效应对回灌井的影响，为济南地区基坑降水回灌工程提供理论指导。

第 4 章济南地区回灌适宜性分区。通过对济南市地质条件与水文地质条件的研究，采用层次分析法分析回灌评价指标权重，划分济南市回灌适宜性分区。

第 5 章回灌适宜性分级。本章以回灌水质、建筑物距离基坑远近、风险损失等级、含水层透水性以及基坑降水量与含水层储水量之比为评价指标，通过利用矩阵评价法，建立了基坑降水回灌适宜性的分级标准，这有助于基坑降水回灌适宜性的管理决策和现场实施。

第 6 章场地回灌工艺。本章根据济南地区基坑回灌工程施工经验，总结形成适合本地区的回灌施工工艺，详细介绍基坑回灌井施工方法、基坑降水回灌一体化设备、压力回灌井井口密封施工以及回灌井保养维护等，并就影响回灌效果的因素进行探讨分析。

第 7 章基坑回灌工程设计。本章从济南地区基坑回灌工程的设计原则及流程、回灌试验目的及计算方法、回灌设计内容、回灌系统组成及作用等角度，阐述适合济南地区的回灌设计方法。

第 8 章回灌运行。本章从基坑回灌工程运行的角度，介绍回灌水量、回灌后地下水位的控制，并对回灌系统运行管理提出要求。

第 9 章回灌工程招投标。本章介绍了基坑回灌工程招投标相关事宜，为基坑回灌工程的招投标提供指导。

本书得到了山东省自然科学基金（ZR2014EEM029），住房城乡建设部（2015-K5-004），山东省住房和城乡建设厅（KY053 和 2017-K2-012）的资助。在编写过程中，得到上海长凯岩土工程有限公司、山东省地矿工程勘察院、上海交通大学的大力支持，在此向他们表示衷心的感谢。

限于作者水平有限且编著时间仓促，书中难免有不妥和错误之处，恳请读者批评指正。

目　　录

第 1 章　基坑工程与地下水

1.1　绪论

随着城市化的不断推进、经济的不断发展，在用地愈发紧张的密集城市中心，结合城市建设和改造开发大型地下空间已成为一种必然[1]，诸如高层建筑多层地下室、地下铁道及地下车站、地下道路、地下停车库、地下街道、地下商场、地下医院、地下变电站、地下仓库、地下民防工事以及多种地下民用和工业设施等。

近年来地下空间开发呈现以下发展态势[2]：

开发规模越来越大。例如上海市地下空间开发面积达 10～30 万 m^2 的地下综合体项目近年来多达几十个，基坑开挖面积一般可达 2～6 万 m^2，如上海虹桥综合交通枢纽工程开挖面积达 35 万 m^2；上海仲盛广场基坑开挖面积为 5 万 m^2；天津市 117 大厦基坑面积为 9.6 万 m^2；济南凯旋新城东区项目基坑开挖面积约 3.5 万 m^2；济南西客站站房基坑开挖面积为 13.05 万 m^2 等。

开发深度越来越深，一般基坑深度为 16～25m 以上。如天津津塔挖深 23.5m，苏州东方之门最大挖深 22m，而上海世博 500kV 地下变电站挖深 34m，上海地铁四号线董家渡修复基坑则深达 41m。

由于这些深大基坑通常都位于密集城市中心，基坑工程周围密布着各种地下管线、各类建筑物、交通干道、地铁隧道等各种地下构筑物，施工场地紧张、工期紧、地质条件复杂、施工条件复杂、周边设施环境保护要求高。为此，如何处理好工程建设与周围环境的关系，对基坑工程有着举足轻重的作用。

处理工程建设与周围环境的关系，就是力求找到一个平衡点，在确保工程建设安全的条件下，最大程度减小对周围环境的影响，基坑工程也不例外。其中，基坑工程中面临的一个重难点问题，就是处理与地下水的关系。自然界中的地下水，以三相形态分布在岩土体中，并且地下水与岩土体颗粒存在结合水、毛细水等不同的相互关系，这使得岩土体多孔介质的环境极其复杂。一般来说，基坑工程中，为确保施工环境干爽，减小对周围环境的影响，会采用围护结构将待疏干的含水层隔断，然后采用降水施工方法，疏干相应含水层中地下水。若基坑内地下水疏干量不足、土体含水量大，会影响施工作业及工期进度，同时也会带来坑底突涌的风险；若基坑内地下水疏干过快，由于隔水层的弱透水性，围护结构对含水层并非绝对意义上的隔断，在静水压力作用下，基坑外地下水会绕过地下连续墙，渗流进入基坑内，这样基坑周围地下水渗流环境受到一定影响，由于土体的固结作用，在周围一定范围会产生地表沉降。因此，采取有效工程措施减小基坑降水对周围环境的影响是十分必要的。

采用回灌技术保护地下水资源由来已久，早在 1989 年 Urban 等开发出一套渗水阴沟、土工织物相结合的地下水回灌系统，并现场进行了测试。随着基坑工程的发展，尤其是近年来地下轨道交通建设的迅速发展，基坑降水工程对地下水生态环境的影响问题日益突出，如何采取合理基坑回灌技术，减小基坑降水对地下水渗流环境的影响、保护周围环境，成为一大工程难点，也是众多学者研究的热点。本书就是在这样的背景下着手编纂的。

1.2 济南水系统

1.2.1 济南市自然地理概况

1.交通位置与经济概况

济南是我国东部沿海经济大省-山东省的省会，是山东全省政治、经济、文化、科技、教育和金融中心，也是国家批准的副省级城市和沿海开放城市。全市总面积 8177km^2，市区面积 3257km^2。现辖历下、市中、槐荫、天桥、历城、长清、章丘七区和平阴、商河、济阳三县。济南历史悠久，是国务院公布的历史文化名城。境内泉水众多，被誉为“泉城”。济南市地理位置如图 1-1 所示。

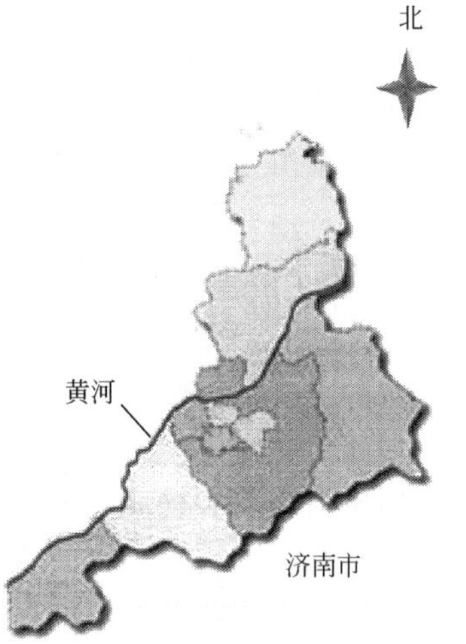

图 1-1 济南市地理位置示意图

2.地形地貌

济南市地处鲁中低丘陵与鲁西北冲积平原交接带上，南部为泰山山脉，北部为黄河平原，地势南高北低，平原向东北缓倾，黄河自西南向东北穿越本区，黄河河床高出地面，沿黄两岸形成带状洼地。根据成因类型，济南市地形大致分为三个带：小清河以北为黄河冲积平原、小清河南岸至南部山区北缘为山前平原带、泰山隆起北侧为丘陵山区。

根据地貌特征，济南市地貌自南而北分为三区：Ⅰ区，构造剥蚀区，主要位于南部、东南部和西南部的变质岩和寒武系分布的低山丘陵地区，占全区面积的 40%；Ⅱ区，剥蚀堆积区，主要分布在中部的山前地带，主要由剥蚀堆积物、河流冲积物和剥蚀残丘组成，区内冲沟干谷发育，占全市面积的 20%；Ⅲ区，堆积平原区，分布于北部，地势较平坦，为黄河冲积而成的冲积平原，占全市面积的 40%。

3.气象

济南市地处中纬度内陆地带，属暖温带半湿润大陆性季风气候，春季干旱多西南风，夏季炎热多雨，秋季气爽宜人，冬季寒冷多东北风。降水具有明显的季节性，汛期 6～9 月份的降水量占全年降水量的 70%以上；降水在空间分布不均。降水量自东南向西北递减，多年平均降雨量为 624.38mm。全市历年平均气温 14.4℃，7 月份最高平均气温 27.4℃，1 月份最低平均气温－1.4℃；历史最高气温 42.7℃（1942 年 7 月 6 日），最低气温－19.7℃（1953 年 1 月 17 日）。济南市域内多年平均蒸发量 1475.6mm，区域蒸发量大于降水量，相对差值呈现由南向北的递增趋势，山前地带为 1201.2mm，济阳为 1525.6mm，商河为 1588mm；干旱指数为 2 左右，无霜期为 192～238 天。

4. 地表水系

济南市域内有三大水系，即黄河水系、小清河水系以及徒骇河马颊河水系。黄河水系主要有玉符河、南大沙河、北大沙河、浪溪河、玉带河等河流，汇水面积 2778km^2；小清河水系主要有巨野河、绣江河、漯河等河流，集水面积 2792km^2；徒骇河马颊河水系主要有徒骇河、德惠新河等河流，集水面积 2400km^2。

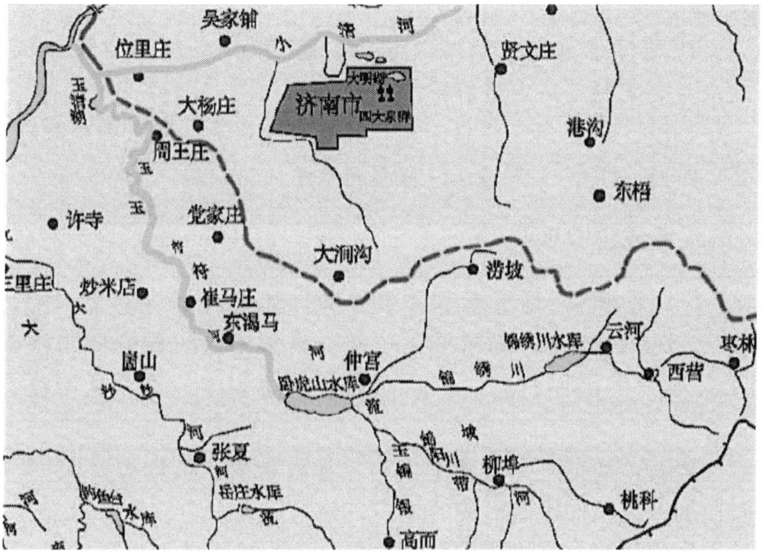

图 1-2　研究区域附近区域水系图

（1）黄河。黄河从平阴县旧县乡清河门进入济南市境内，流经平阴县、长清区、槐荫区、天桥区、历城区及章丘市，于章丘市黄河镇常家庄出境。黄河在济南市境内长度 172.9km，其支流均从右岸汇入。根据洛口水文站资料，黄河多年平均径流量 $435\times10^8m^3$，流量 $1387m^3/s$，输沙量 10.58 亿 t，含沙量 $24.92kg/m^3$。黄河在济南市境内为地上河，最大洪水主要集中在 6、7 月份至 9 月份，凌汛一般发生在 12 月份至来年 2 月份。黄河水无嗅无味，pH 值为 8 左右，属于淡水，为碳酸氢钠型水。研究表明，除平阴境内局部地段外，黄河水与泉域岩溶水没有直接水力联系，但与沿黄第四系水关系密切。境内黄河支流均为雨源型河流，主要支流有浪溪河、龙柳河、玉带河、平阴河、安滦河、孝里铺河、南大沙河、北大沙河、玉符河等，其中南大沙河、北大沙河、玉符河等是岩溶水重要补给源。

（2）小清河。小清河位于黄河之南，发源于济南市西郊的睦里村，济南市辖段小清河长 70.3km，流域面积 2792km^2。原小清河汇集玉符河山区大气降水、西郊低洼地带排泄的地下水、黄河的侧渗、济南诸泉的泉水、水质优良。随着济南经济发展，20 世纪 70 年代以来，区域地下水水位下降、废水排放，导致小清河的流量减小且污染严重。小清河主要支流多在右（南）岸，为山洪及泉水河道；北岸支流少，均为平原排涝河道。小清河主要支流有腊山河、兴济河、西太平河、东太平河、西泺河、东泺河、全福河、大辛河、张马河、港沟河、赵王河、巨野河、绣江河、漯河等。

(3) 水库。济南市规模较大的水库有 12 座，对济南市的供水、水库周围的农田灌溉以及防汛起着重要作用。历阳湖水库于 2013 年建设完毕，位于历阳大街北侧的广场附近。历阳湖南侧为历阳大街，西北侧为金鸡岭山。历阳湖的储水来自大明湖，所在地区域属强渗漏带，大明湖弃水通过渗漏，实现地表水转换地下水，补充泉城水源，推高泉水水位。卧龙山水库位于济南市历城区仲宫镇玉符河上游，控制流域面积 557km^2，总库容 1.01 亿 m^3，兴利库容 0.36 亿 m^3。卧龙山水库防洪能力达到万年一遇，年均淤积量 64 万 m^3。

(4) 湖泊。大明湖位于济南市旧城区北部，面积 0.46km^2，平均水深 3m，蓄水量 $100\times10^4m^3$。湖水主要来源于济南泉群排泄的地下水。白云湖位于章丘市西北 20km，北距小清河 4km，东到绣江河 3.5km，是山东省北部平原最大的淡水养殖基地。芽庄湖位于章丘市与邹平县交界处，西距刁镇 4km，有漯河水汇入。

1.2.2 济南岩溶水系统研究现状

“家家泉水，户户垂柳”，是济南享誉中外的自然景观。济南泉水中，趵突泉久负盛名。济南地势南部山区较高，北部平原较低。南部山区岩层倾向与济南地势倾向一致，并有岩溶裂隙发育的巨厚石灰岩，从而导致岩溶裂隙地下水从南往北渗流，形成泉水。

岩溶指可溶性岩石，特别是碳酸盐类岩石（如石灰岩、石膏等)，受含有二氧化碳的流水溶蚀，有时还加以沉积作用而形成的地貌，分为地表岩溶、地下岩溶。赋存并运移于岩溶化岩层中的水称为岩溶水。岩溶水系统就是一个能够通过水与介质相互作用不断自我演化的动力系统。

对岩溶水水文地质模型研究，始终伴随着对岩溶含水介质认识的深化。1975 年，岩溶水首次成为国际性水文地质大会的主题；IAH（国际水文地质学家协会）出版的《Hydrogeology of Karstic Terrains》首次系统地研究了岩溶地区的水文地质学问题。自此以后，每年都有不同规模的国际学术讨论会召开，相关论文和专著不断涌现。20 世纪以来，欧美学者进行了一些开拓性研究，并在岩溶水水质、岩溶水系统野外试验场、岩溶水系统数理模型、岩溶水保护技术等方面，取得了令人瞩目的成果。

我国是世界上岩溶最发育的国家之一，岩溶分布较广，类型较多。西南岩溶是国内外最大的连片岩溶区之一，其岩溶类型之齐全、资源之丰富、环境之复杂，堪为世界级的“岩溶宝库”。而北方岩溶区由于岩溶水储量大，水质良好，流量稳定，因此成为北方地区重要的供水水源。自 20 世纪 60 年代起，中国学者亦重视岩溶水系统研究，并从理论、实践等多个层面，研究我国不同地域的泉域特征，并取得了多方面的进展。

济南地区岩溶系统的水文地质勘察工作开始于 20 世纪 50 年代。山东省地矿工程勘察院（原山东省地质矿产局八〇一水文地质工程地质大队）1958 年开始建立地下水动态监测点；1958 年 3 月至 1959 年 4 月期间开展综合水文地质测绘，完成钻探进尺达 6518m；1960 年 4 月完成《济南市附近供水水文地质勘测补充报告》；1964 年八〇一队对济南市泉水进行了详细调查，仅市区就有天然泉池 108 处，依据泉水的大致分布、数量、泉水汇流途径等因素划分了泉群，划定了趵突泉、珍珠泉、黑虎泉、五龙潭、白泉五大泉群，后因白泉泉群停喷，人们习惯称“四大泉群”；1966 年 11 月八〇一队提交《济南市北郊供水水文地质勘测报告》；1970 年 9 月，八〇一队提交《济南东郊水源地水文地质勘察报告》。20 世纪 70 年代以来由于过量开采导致泉水断流，八〇一队加强了地下水动态监测工作，先后于 1974 年 5 月、1978 年 12 月、1983 年 12 月提交 1958～1974 年、1973～1977 年、1978～1982 年三阶段的《济南地区地下水动态观测阶段报告》，并于 1979 年 3 月提交了《济南幅 1/20 万区域水文地质调查报告》。以上基础水文地质工作深入揭示了济南地区的水文地质条件，同时也满足了济南城市供水的需求。

20 世纪 80 年代以来，济南地区水文地质工作的侧重点由城市供水逐步转向保泉供水。1982 年山东省科学技术协会、中国地质学会岩溶专业委员会和山东地质学会共同组织了“济南保泉供水专家座谈会”。商议恢复名泉计策。1982 年济南市有关部门组织“济南地区水资源讨论会”，提出“采外补内”的保泉措施。为保护泉水和论证新的水源地，山东地质局第一水文地质队和长春地质学院合作完成了济南地区 1：5 万地质-水文地质测绘，随后开展详细的供水水文地质勘察工作。1986 年 12 月八〇一队提交《山东省济南市长清-孝里铺地区供水水文地质勘察报告》，探明长孝为一大型水源地，至今尚未开发利用；1988 年 10 月提交《山东省济南市保泉供水水文地质勘察报告》；1989 年 5 月至 10 月在济南西郊崔马庄利用 63 个观测孔，进行了大型岩溶水示踪试验，查明张夏祖灰岩与奥陶系岩溶水的水力联系；1989 年 12 月提交《济南市保泉供水水文地质勘探水质模型报告》；1990 年提交《济南市地下水资源管理模型报告》和《山东省济南市白泉-武家水源地供水水文地质勘探报告》。通过八〇一队一系列勘探，从宏观上基本查明东至明水，西至平阴的水文地质条件。

进入 20 世纪 90 年代以来，随着经济发展和人类活动加剧，城区扩展、河道截流，南部山区土体利用类型和济南地区下垫面条件发生变化，水文地质勘察研究侧重点又逐步转向水资源调蓄、生态环境水文地质工作上来。

1.2.3 济南岩溶水系统的保护

济南泉城南部低山丘陵区灰岩大面积裸露，是岩溶水的直接补给区，局部沟谷地段被冲洪积层覆盖，但厚度较小，地表岩溶发育，污染物在该地段极易下渗而污染地下水，故该地区岩溶水环境较为脆弱。近 30 年来，济南市城市规模发展迅速，南部山区涵养水源能力逐渐降低、水库供水、河道断流、地面硬化对泉水补给造成不同程度的影响。

近年来对于济南泉域系统，不同专家从不同角度开展研究，尽管对济南泉域东、西边界看法有分歧，但在主张开发利用济南西部岩溶水方面，大部分专家的看法接近一致，那就是坚持采外停内的观点。但是目前对于济南市工程建设对泉水影响、如何回灌补源和分质供水等问题缺乏深入探讨和理论总结，本书编写的初衷也是源于此。

根据山东省水文地质一队 1964 年调查，济南仅市区就有天然泉池 108 处。其中金代《名泉碑》所列 72 名泉也主要分布在市区，东起青龙桥，西至筐市街，南至正觉寺街，北到大明湖，在面积仅 2.6km^2 的范围里形成了趵突泉、珍珠泉、五龙潭、黑虎泉四大泉群，见表 1-1、图 1-3。

济南市区四大泉群一览表　　表 1-1

泉群名称	主要名泉
趵突泉泉群	趵突泉、金线泉、皇华泉、柳絮泉、卧牛泉、漱玉泉、马跑泉、无忧泉、石湾泉、湛露泉、满井泉、登州泉、杜康泉、望水泉、老金线泉、浅井泉、洗钵泉、混沙泉、酒泉、东高泉、螺丝泉、尚志泉、沧泉、花墙子泉、白云泉、泉亭池、白龙湾泉、饮虎池
五龙潭泉群	五龙潭、古温泉、贤清泉、天镜泉、月牙泉、西蜜脂泉、官家池、回马泉、虬溪泉、玉泉、濂泉、东蜜脂泉、洗心泉、静水泉、净池泉、东流泉、北洗钵泉、泺溪泉、潭西泉、七十三泉、青泉、井泉、晴明泉、显明池、裕宏泉、聪耳泉、赤泉、醴泉
黑虎泉泉群	黑虎泉、豆芽泉、琵琶泉、五莲泉、玛瑙泉、白石泉、九女泉、金虎泉、南珍珠泉、任泉、胤嗣泉、汇波泉、对波泉、一虎泉、古鉴泉、寿康泉
珍珠泉泉群	珍珠泉、散水泉、溪亭泉、濋泉、濯缨泉、玉环泉、芙蓉泉、舜井、腾蛟泉、双忠泉、感应井泉、灰泉、知鱼泉、云楼泉、刘氏泉、朱砂泉、不匮泉、广福泉、扇面泉、孝感泉、太极泉

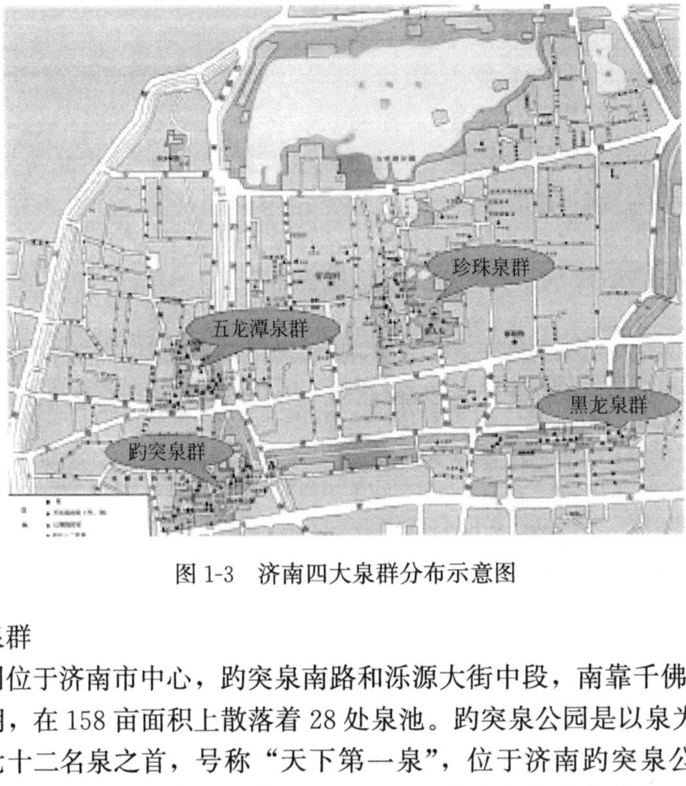

图 1-3　济南四大泉群分布示意图

1. 趵突泉泉群

趵突泉公园位于济南市中心，趵突泉南路和泺源大街中段，南靠千佛山，东临泉城广场，北望大明湖，在 158 亩面积上散落着 28 处泉池。趵突泉公园是以泉为主的特色园林。

趵突泉为七十二名泉之首，号称“天下第一泉”，位于济南趵突泉公园泺源堂之前，趵突泉是最早见于古代文献的济南名泉，见图 1-4。趵突泉泉池底高程 26.50m，20 世纪 60 年代众泉涌水量一般为 6 万 m^3/日，最大达 23 万 m^3/日。2008 年以来平均流量 5.6 万 m^3/日。泉水汇入西泺河，最后注入小清河。

2. 黑虎泉泉群

黑虎泉泉群位于泉城广场北侧，南护城河东段。沿河两岸，东起解放阁，向西长约 700m 的地方，共有泉池 16 处。黑虎泉为济南四大泉群之一。早在金代以前，黑虎泉就以现名闻名于世。泉水出于深凹形洞穴，通过三个石雕虎头泉水喷出，波澜汹汹，水声喧喧。明代晏壁在《七十二泉》诗云：“石水府色苍苍，深处浑如黑虎藏。半夜朔风吹石裂，一声清啸月无光”，见图 1-5。据 1959～1977 年统计，泉水平均流量每日为 10.1m^3，最大

图 1-4　趵突泉景色

图 1-5　黑虎泉景观

18.92 万 m^3，最小为 0.55m^3。2008 年以来平均流量 6.6 万 m^3/d，泉水汇流进东泺河，再注入小清河。

3. 五龙潭泉群

五龙潭泉群位于济南旧城西门外，泺源桥北，因内有五龙潭而得名。1985 年建为五龙潭公园，位于济南市五龙潭公园中部，该泉群共有泉池 28 处。据《水经注》记载，北魏以前就有这片水，称净池，是大明湖的一隅。相传，五龙潭昔日潭深莫测，每遇大旱，祷雨则应，故元代有好事者在潭边建庙，内塑五方龙神，自此便改称五龙潭，见图 1-6。据 1959～1977 年统计，平均涌量每日为 3.29 万 m^3/d，最大 8.81 万 m^3/d，最小 0.14 万 m^3/d。2008 年以来平均流量 4.3 万 m^3/d。部分泉水经生产渠，流入西泺河，最后注入小清河。

4. 珍珠泉泉群

珍珠泉泉群位于山东省济南旧城中部，珍珠泉泉群在泉池数量上居于首位，共 21 处。泉术自泉底细沙中袅袅上浮，串串簇簇，忽聚忽散，犹如万斛珍珠，故名"珍珠泉"。古人对珍珠泉曾有："风回池面破沧烟，涌出珍珠万颗圆"之赞誉。后经 1981 年整修，泉池面积 940m^2，池水湛蓝，周围汉白玉栏杆护绕，断柳古槐交织成荫，池底冒出水泡涌至水面，水泡撕裂化作一片片涟漪。乍见，竟误以为老天在落雨，池中红黑两色鲤鱼结队成群，口吐珠泡，衔尾相戏，使游客兴致倍增，乐而忘返。随着岁月风尘的变迁，现在尚存十几处。2008 年以来平均流量 1.38m^3/d，见图 1-7。

图 1-6　五龙潭景观

图 1-7　珍珠泉景观

1.3　基坑工程特点

基坑工程具有以下特点[2]：

（1）安全储备小、风险大。由于基坑工程是临时性措施，其围护体系在强度、变形、防渗、耐久性等方面的要求要比永久结构低一些，安全储备要也相对小一些，因此基坑工程具有较大的风险性，必须要有合理的应对措施。

（2）受到自然地质条件和周边构筑物的双重制约影响。基坑工程与自然条件的关系较为密切，工程地质及水文地质条件的区域性对基坑工程影响较大；此外，与相邻的建筑物、地下构筑物等空间位置关系，对基坑工程围护结构、降水施工等有一定的制约作用。

（3）计算理论不完善。由于多孔介质的复杂性、影响因素众多，人们对岩土力学性质的了解还不深入，关于基坑的许多理论（诸如岩土压力、岩土的本构关系等）还不够完善，需要基坑工程的科研工作者进一步探讨、研究。

（4）要考虑对周围环境的影响。基坑工程对周围环境的影响主要分两方面：

① 要考虑对临近基坑的建筑物、地下构筑物和地下管线等周边构筑物的影响。基坑开挖必将引起基坑周围地基中地下水位的变化和应力场的改变，导致周围地基中土体的变形，为此需要采取有效措施，确保相邻建筑物、地下构筑物和地下管线的安全和正常使用。

② 要考虑对周围环境生态系统、交通系统等产生的影响。基坑工程施工产生的噪声、粉尘、废弃的泥浆、渣土等也会对周围环境生态系统产生一定的影响，必须采取措施保护周边环境；交通导行、土方输运也会对周围交通系统产生一定影响，需要做好疏导与协调。

1.4 基坑止水帷幕与地下水

在空旷的地区，最简单的基坑开挖方法是放坡开挖，然而在人口密集的城市中心，受限于空间及环境效应的影响，放坡开挖的方式难以执行，因此大多数基坑工程是由地面向下开挖的一个地下空间，然后在基坑四周施做围护结构、止水帷幕，阻挡基坑施工对周围土体产生的变形、减小对周围地下水渗流环境的影响。考虑到水文地质条件的复杂性，止水帷幕的布置形式与地下水渗流环境间的相互关系一直是工程重点、难点问题，也是一大学术热点问题。

1.4.1 基坑止水帷幕对地下水渗流环境的影响

如何设计止水帷幕埋深，从而有效阻断基坑内外地下水间的水力联系，是基坑降水施工中关键的工程问题，也是许多学者不断探讨的问题。研究表明[3,4]，基坑止水帷幕对基坑降水有重要影响，尤其是止水帷幕的埋深，对地下水渗流环境及周围地表沉降，都有重要作用。一些学者[5,6] 就止水帷幕挡水效果展开试验研究，研究表明当止水帷幕插入含水层相对深度达到 70%以上时，地下水渗流环境会受到明显的阻挡效果。

1.4.2 地下水环境对基坑止水帷幕的风险

围护结构对地下水渗流产生阻挡效果的同时，围护结构本身也受到地下水渗流环境改变后所带来的影响。因基坑降水导致地下水渗流环境产生变化，这种变化对基坑止水帷幕的影响是一把双刃剑。一方面，地下水水位降低对基坑周围土体自理能力有较大提高，提高土体强度，会减小基坑开挖期间，土体对围护结构的压力，有利于基坑围护结构的稳定[7,8]。另一方面，地下水水位降低会导致止水帷幕受到的应力增大，不利于基坑施工安全，并由于卸荷回弹，对距离地下连续墙 10m 范围内地表会有明显抬升作用，使得监测得到的地表沉降值为正向累积[8,9]。

1.5 基坑降水方法及类型

1.5.1 基坑降水方法

为防止出现管涌、流砂、坑壁坍塌等灾害，基坑施工时应避免在水下作业。所以，当地下水水位高于基坑开挖底面时，一般来说，需要进行基坑降水。常见的基坑降水方法及适用条件，见表 1-2[2]。

基坑降水方法及适用条件 **表 1-2**

降水方法	适用条件		
	降水深度(m)	渗透系数(cm/s)	适用地层
集水明排	<5	$1\times10^{-7}\sim2\times10^{-4}$	含薄层粉砂的粉质黏土，黏质粉土，砂质粉土，粉细砂
轻型井点	<6		
多级轻型井点	6～10		
喷射井点	8～20		
砂(砾)渗井	根据下卧导水层性质确定	$>5\times10^{-7}$	
电渗井点	根据选定的井点确定	$<1\times10^{-7}$	黏土，淤泥质黏土，粉质黏土
管井(深井)	>6	$>1\times10^{-6}$	含薄层粉砂的粉质黏土，砂质粉土，各类砂土，砾砂，卵石

根据工程需要，选取合适基坑降水方法之后，能够实现以下作用：

(1) 有利于基坑工程施工操作。将基坑内地下水位降低到开挖面以下，有利于基坑内土体的开挖外运，实现文明施工，同时有助于缩短工期，提高经济效益。基坑底部土体表面干燥，避免泥泞难行，有利于施工作业运行。

(2) 保护边坡稳定。对于明挖法开挖的基坑工程，降水后，边坡处土体孔隙压力减小，有效应力增加，土体强度增加，有助于开挖处边坡的稳定。特别是对于喷锚支护的边坡，土体孔隙水的减少，可以提高锚杆的拉拔力，增大边坡滑移的安全系数，提高基坑边坡的稳定性。

(3) 减小流土、突涌等危险事故。随着基坑开挖的进行，施工中面临的动水压力逐渐增大。当较大的动水压力，面临上覆土重不足时，会引发基坑突涌、流砂、流土等地质灾害。通过基坑降水，降低坑底下方承压水层的动水压力，能够有效地减少、甚至避免上述地质灾害的发生。

1.5.2 基坑降水类型

根据基坑围护结构插入含水层中深度不同，以及基坑降水时周边的地下水渗流特征和基坑降水对周围环境的影响，可以分为 5 种基坑降水模式[2,10,11,12]：

1. 第一类基坑降水模式

在这类基坑降水模式中，基坑围护结构插入潜水含水层下部的隔水层中，抽水井布置于基坑内部，井点降水以疏干坑内潜水为目的，围护结构将坑内的地下水与坑外的地下水分隔开来。由于围护结构的隔水作用，坑内降水时，坑外地下水不受影响。因此，这类基坑降水对基坑附近地下水渗流和周围环境的影响小。图 1-8 为基坑内、外的水位和孔隙水压力分布情况。这类基坑降水模式中基坑内外的潜水水位相差较大。

2. 第二类基坑降水模式

在第二类基坑降水模式中，基坑围护结构插入承压含水层上部的隔水层中，抽水井布置于基坑外侧，井点降水以降低基坑下部承压水的水头，以防止发生基坑突涌或产生流砂为目的。在这类基坑降水模式中，围护结构未插入目标降水含水层（即承压含水层），基坑内外的承压水连续相通。因此，坑外抽水井的抽水降压将显著影响基坑附近的地下水渗流和周围环境，坑外的承压水水头下降较大，引起较大的地面沉降。该降水模式中基坑降水引起大范围的降水漏斗，但变化较平缓，抽水引起的地面沉降为均匀沉降。此时，抽水井过滤器底端的深度不应小于围护结构的底端深度，以减小围护结构的挡水作用，以抽取

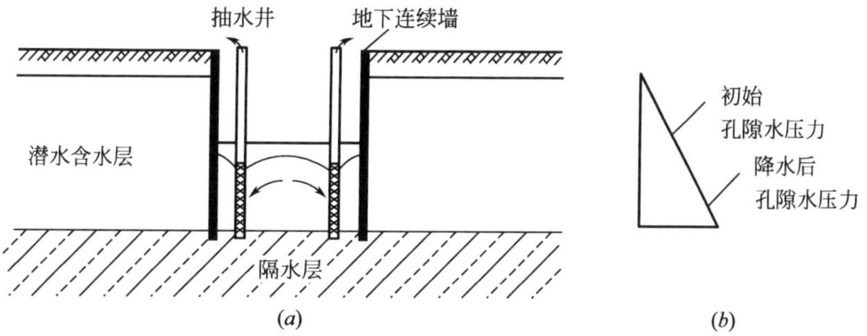

图 1-8　第一类基坑降水模式水位分布图
（a）水位分布图；（b）坑外土体孔隙水压力

较小的流量使基坑范围内的水头降低到设计要求，尽量减小坑外水头降深和基坑降水而引起的地面变形。图 1-9 为第二类基坑降水模式的基坑内外水位和孔隙水压力分布情况。

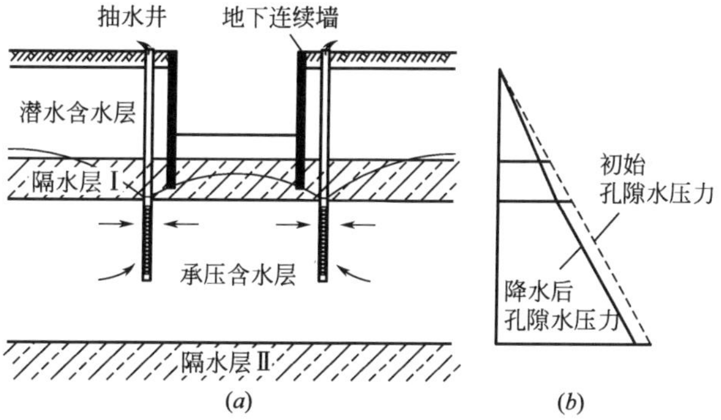

图 1-9　第二类基坑降水模式水位分布图
（a）水位分布图；（b）坑外土体孔隙水压力

3.第三类基坑降水模式

第三类基坑降水模式中基坑围护结构插入承压含水层中的深度小于含水层厚度的 1/2，未在目标降水含水层中形成有效的隔水边界。因此一般将降压井布置于基坑外侧，为保证坑外减压降水的效果，降压井的过滤器顶端的埋深应超过基坑围护结构的底端的埋深。这类基坑降水模式中降水对地下水渗流和周围环境的影响较大，类似于第二类基坑降水模式的影响。图 1-10 为第三类基坑降水模式中的水位和孔隙水压力分布情况。

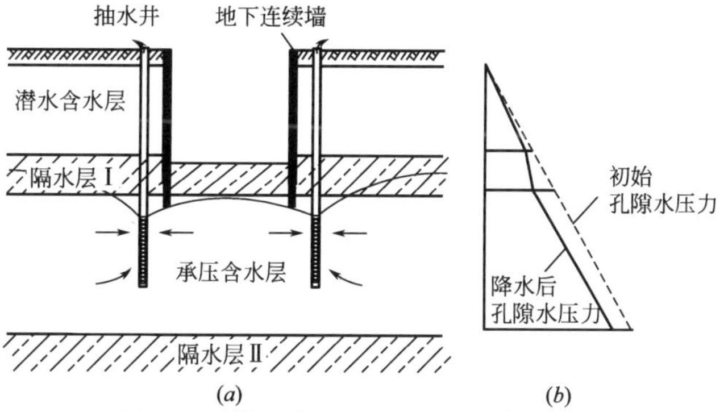

图 1-10　第三类基坑降水模式水位分布图
（a）水位分布图；（b）坑外土体孔隙水压力

4.第四类基坑降水模式

第四类基坑降水模式中基坑围护结构插入承压含水层中，且处于承压含水层中的长度超过了承压含水层厚度的 1/2 或大于 10.0m，围护结构对于基坑内外的承压水渗流具有明显的阻隔效应。因此，抽水井布置于基坑内部，用于抽取承压水降压，确保施工面干燥，为确保坑内减压降水的效果，坑内减压井的过滤器底端的埋深不应超过围护结构的底端埋深，约相差 3.0m 左右。坑内井群抽水后，坑外的承压水需绕过围护结构的底端才能流进坑内，同时下部含水层中的水经坑底竖向流入基坑，在坑内承压水位降到安全埋深以下时，坑外的水位降深相对较小，从而因降水引起的底面变形也较小。为保证基坑内部降水至基坑设计开挖面以下而进行降水时，坑外的水位降深较小，从而引起的地面变形也较小。图 1-11 为第四类基坑降水模式中的水位和孔隙水压力分布情况。

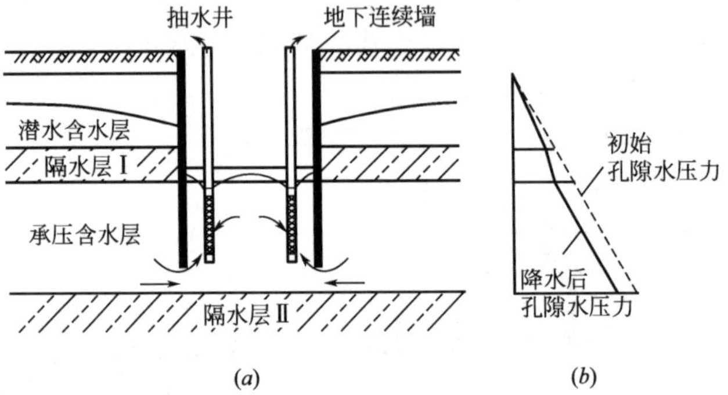

图 1-11　第四类基坑降水模式水位分布图

(*a*) 水位分布图；(*b*) 坑外土体孔隙水压力

5.第五类基坑降水模式

在第五类基坑降水模式中，围护结构完全阻断基坑内外承压含水层之间的水力联系，并插入承压含水层下部的隔水层中时，采用坑内减压降水方案。围护结构底端均已进入需要进行减压降水的承压含水层底板以下，在承压含水层中形成了有效隔水边界，因坑内的抽水井抽水而形成了三维的地下水非稳定渗流场，图 1-12 为第五类基坑降水模式中的水位和孔隙水压力分布情况。

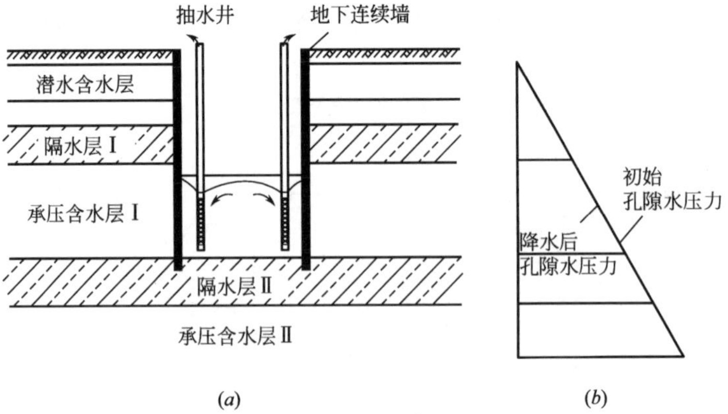

图 1-12　第五类基坑降水模式水位分布图

(*a*) 水位分布图；(*b*) 坑外土体孔隙水压力

1.6 基坑降水施工风险及影响因素

1.6.1 基坑降水施工风险

上述基坑降水方法的有效使用，能够保证基坑施工安全，创造干爽的施工环境。然而，由于地质环境的复杂性，基坑降水中也会带来各种风险，主要有以下几方面：

1. 基底突涌与流土

基坑开挖到一定深度，当承压含水层上覆土重小于含水层水压时，含水层的渗透体积力导致上覆土层发生渗透破坏，承压水会通过上覆土体，携带砂粒喷涌而出，称作基坑突涌。当基坑开挖造成上覆土重不足时，在基坑底部边角处，受动水压力影响，容易产生流砂流土现象，见图 1-13。上海 8 号线围护结构渗漏引发现场大量涌水，如图 1-14 所示，使得基坑外侧地面产生明显沉降，道路出现裂缝，水管发生爆裂。

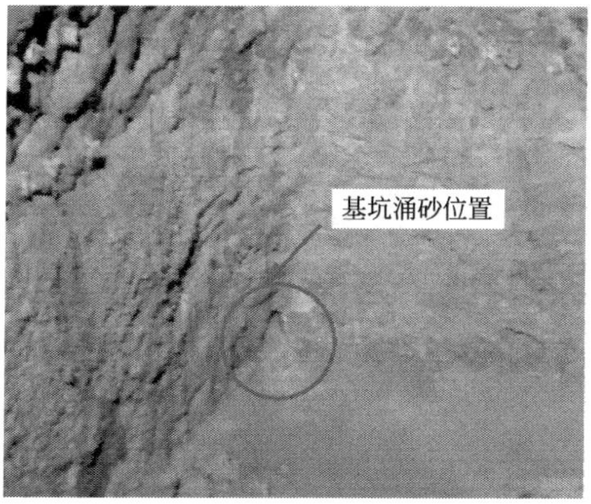

图 1-13 基坑底部涌砂现象

图 1-14 现场涌水严重

2. 地面沉降

局部范围内地面标高的下降，称作地面沉降。造成地面沉降的原因可以分为天然因素和人为因素。在人为因素中，基坑降水常常是主要方面。在没有止水帷幕时，基坑降水导致地下水水位下降，周围土体发生明显固结，孔隙率减小，产生明显竖向变形，导致地面沉降。有止水帷幕时，基坑降水导致地下水水位产生过大变化时，地下水的渗透体积力较大，会导致止水帷幕有较大变形，对周围土体变形产生影响，此外，在存在越流效应的地区，坑内外水位差较大时，坑外地下水会越流进入基坑内，进而导致坑外土体发生固结变形，产生地面沉降。

由地面沉降导致的不均匀沉降，是周围构筑物产生破坏的主要原因。基坑工程周围房屋的裂缝，地下管线的错断等，这些都是不均匀沉降造成的。上海 4 号线施工过程中冻土结构局部存在薄弱环节，而又忽视了承压水对工程施工中的危害，导致承压水突涌，造成地面沉降、建筑物倾斜，见图 1-15。深圳某大型酒店基坑开挖时大量掏土抽水，使附近地下水位急剧下降，形成降落漏斗（有时抽水还抽出一些细砂），厚砂层因失水而收缩，破坏原有的受力平衡，使得紧邻的华侨大厦基础沉陷严重，墙壁开裂十分严重。宁波某工程由于基坑降水导致处于降水影响半径范围内，周围地表开裂，周围建筑物的楼内出现了不同程度的开裂现象，见图 1-16。上海地铁 9 号线，降水效果不够理想，加上围护结构刚度不足、地质条件复杂等情况，导致周围地表沉降严重，并产生不均匀沉降，也带来了地表开裂、建筑物墙体开裂现象，见图 1-17。

(a) (b)

图 1-15 地面沉降和文庙泵倾斜

(a) (b)

图 1-16 周围地表开裂和周围建筑物墙体开裂

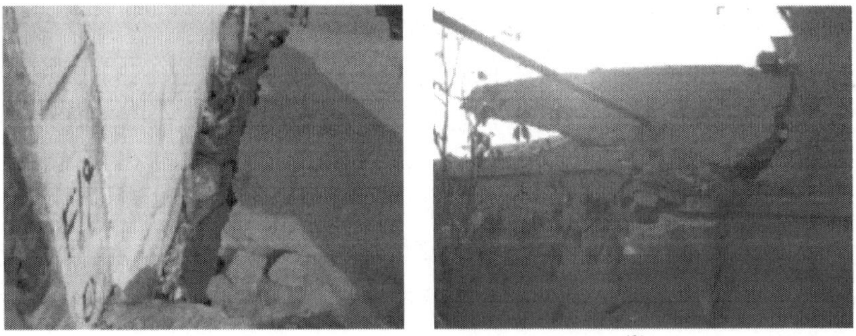

(a) (b)

图 1-17 周围地表开裂和周围建筑物墙体开裂

1.6.2 影响基坑降水施工安全的因素

为了确保基坑工程的安全施工，需要进行基坑降水。同时，在降水施工时，基坑工程又面临一定风险。造成基坑降水风险的因素有很多，主要有以下几点：

1. 地质条件

不同的地质条件，决定了基坑降水设计方案的不同。在基坑降水施工中，不同地质环境，面临的风险也差异较大。在砂质土层中，通过井点降水很容易将基坑范围内地下水降到设计深度；而在粉质土层中，采用井点降水时，容易出现抽水井内“一抽即干，停抽又有”的现象，很难将基坑内地下水降到设计深度。在粉质土层中，如果仅采取井点降水方法，则会导致基坑内地下水水位难以降到设计深度，从而可能会出现坑底积水较多，影响施工正常进行，影响工期，严重的还可能会出现坑底突涌，坑壁漏水、流砂，周围地面沉降过大等地质灾害现象。

2. 止水帷幕

止水帷幕是影响基坑降水安全的重要因素。没有止水帷幕时，根据井流理论，单井降水时会形成地下水水位降落漏斗，群井降水时会形成多个降落漏斗叠加后水位分布，这时基坑降水对施工安全和周围环境影响较大；而有止水帷幕时，基坑降水形成的降落漏斗分布受到限制，对施工安全和周围环境影响明显减小。止水帷幕的类型及布置方式对基坑降水效果有较大影响。采用旋喷桩作为止水帷幕的效果，远不及地下连续墙做止水帷幕的效果好。在同一种止水帷幕下，止水帷幕的深度对基坑降水影响极大。

3. 施工操作

纵使拥有较好的基坑降水方案，倘若降水施工质量欠佳，也难以达到预计效果，而且还可能出现众多问题。以井点降水施工为例，抽水井的成井质量，直接关系到待疏干含水层中地下水流向井管的流速，劣质抽水井还可能导致地下水难以流入井管内。降水施工时，降水井的开启顺序对地下水渗流变化有一定影响。不同的施工顺序，会导致基坑内外地下水水位变化差异，进而产生不同的地面沉降的地质灾害。

1.7 基坑回灌研究现状

面对基坑降水中存在的各种地质灾害问题，利用回灌技术来保护基坑周围地下水环境是目前较为可行的工程保护措施。国内外对回灌技术早有研究。

国外关于地下水回灌的研究，多集中在人工回灌系统的方法设计方面，而在基坑降水回灌方面，Kaledhonkar 等[16] 详细记录并分析了锡尔萨支渠地下水回灌施工过程，根据电阻率的调查结果确定回灌管的位置和深度，设置滤坑以防止沉积物和悬浮固体进入补给水，回灌井补给率平均 10.5L/s。Kohsaka 等[17] 提出，通过三种技术的组合能够有效对地下水排水进行规划，并能减小对环境的影响，这三种技术分别是：①多层抽水试验，以确定地面的三维渗透性；②一种多层脱水方法，采用多含水层降水方法，利用布置有多段滤管的特殊结构降水井可以降低对抽水泵功率的要求；③一种将地下水注入地下深处的地下水的垂直补给方法。Ervin 等[18] 在墨尔本皇冠赌场项目中，提出采用管井回灌技术能够有效减少与疏干含水层相邻含水层水位变化，进而减小因降水带来的沉降变形。Rahman 等[19] 基于孟加拉国达卡市工程项目，探讨了地下水回灌的可行性评估管理技术。

随着对周围环境问题的重视程度越来越高，国内基坑降水中对回灌技术的研究热度逐渐提高。Wang 等[21] 对控制地下水的三种方法（基坑降水、有效的止水帷幕及回灌技术）进行探讨，并根据上海地铁 9 号线宜山路地质条件，进行了基坑降水及回灌施工，两种技术的联合施工效果，与三维有限差分法得到的数值模拟结果相似。Yuan 等[21] 从预防方法和管理措施两个方面分别对人工回灌进行了阐述，说明了人工回灌过程中的控制原理、操作方法及注意事项。并讨论了泵井和回灌的区别，其研究结果为深基坑开挖的变形控制和人工补给的运用提供了方向。Huang 等[22] 采用数值模拟方法研究了武汉超深基坑降水及回灌技术，得出回灌量越大，基坑外地下水水位回升后的高度越大，地面沉降的可控制量越大。Wan[23] 基于工程实例，在数值模型中引入回灌技术，计算认为在基坑降水方案中引入回灌技术，能有效减小基坑临近构筑物的沉降。

1.8 济南市区基坑降水回灌的现状调查

2013 年 1 月，为确保建筑基坑工程及周边环境安全，并切实做好节水保泉工作，济南市工程质量与安全生产监督站下达了《关于在建筑基坑工程中进一步加强截水帷幕和回灌等技术应用工作的通知》，对在建筑基坑工程中进一步加强截水帷幕、回灌等技术应用工作提出了明确的要求。2013 年 11 月至 2014 年 1 月，在相关单位的配合下，有针对性地分区域选择了 2013 年以后设计开挖的 32 个在建基坑工程，对基坑降水与回灌的设计以及实际的实施情况进行了调查。调查情况见表 1-3。

济南地区基坑回灌设计情况调查表 **表 1-3**

区域	项目名称	降水井与回灌井数量及构造
泉水敏感区	东舍坊 A 地块	基坑四周布置降水井 25 眼，井径 0.7m，井深 16.35～19.4m，间距 24～28m；场地北侧邻近泺源大街布置回灌井 5 眼，井径 0.7m，井深 25m；为保护周围建筑物和管线，布置 10 眼回灌井，井径 0.7m，井深 16.7～18.4m，回灌井结构在基底以上采用水泥、水玻璃材料进行止水
	明府城百花洲片区地下停车场	在基坑内部布置降水井，共 20 眼，井径 700mm，井深 15m。回灌井 15 眼，井径 700mm，井深 12m
	嘉里综合发展香格里拉项目	管井降水，井径 700mm，管径 500mm，坑边井距 15.0m；坑内井间距 25m，井数 60 眼；回灌井设置在基坑周边靠近建筑物设置回灌井 9 口，做法同降水井，井深 10m
北园大街小清河区域	滨河商务中心项目	在基坑内按间距 20.0m 左右布置降水井，共布置降水井 60 眼，设计成井深度一般 20.0m，成井直径 700mm，滤管直径 400mm，滤料采用中粗砂。在基坑东、西、北侧止水帷幕外按间距 30.0m 左右共布置回灌井 22 眼，设计回灌井井深 16.0m，井径 700mm，滤管直径 400mm，滤料采用中粗砂
	绿地滨河国际城 D-2 住宅地块项目	降水井间距 15.0m，降水井井底位于基底以下 5.0m，井管外径 500mm，成孔直径不小于 700mm，井管采用无砂混凝土滤水管，并采用单层 50 目尼龙网包裹，反滤层厚度不小于 100mm；基坑内布设疏干井，井间距 30m，井底位于基底以下 6.0m。帷幕外侧布设回灌井，回灌井井底位于基底以下 1.0m，回灌管井规格与降水井相同
	北大时代 D5 地块	在基坑开挖上口线外侧边坡上按间距约 15m 左右布置降水井，布置 32 眼，在基坑内按 25m 间距布置疏干井，布置 15 眼。基坑东侧壁降水井深度 16.0m，其他降水井深 17.0m；疏干井深 17m；成井直径 700mm，滤管直径 400mm，采用 5～10mm 粒径砾砂作为滤料回填。在基坑周边设置回灌井，设计井深 10.00m，井径 700mm，沿基坑周围布置 22 眼回灌井，间距 20～30m
	山东省工商银行金融培训学校	一期工程在基坑内按间距约 18m 左右布置疏干井 10 眼，疏干井井深 11.5m；二期基坑工程布置降水井 2 眼，设计井深均为 11.0m，成井直径 700mm，滤管直径 400mm，采用 5～10mm 粒径砾砂作为滤料回填。在止水帷幕外侧，设置回灌井 15 眼。设计井深 10.00m，井径 700mm，具体做法与要求同降水井

续表

区域	项目名称	降水井与回灌井数量及构造
经十西路西客站区域	绿地中央广场D4地块1-5号楼	沿基坑四周布置29眼降水井,井间距25m左右,井深13m;回灌井20眼,与降水井间距大于6m
	绿地中央广场D1地块车库	沿基坑四周布置22眼降水井,井间距20m左右;回灌井除采用原来1~4号楼的回灌井外,再加6个,井深16m
	绿地中央广场C1地块车库	沿基坑四周布置23眼降水井,井间距12m左右,井深18m;回灌井19眼,与降水井间距大于8m,井深16m
	金科世界城D地块	在基坑内布置疏干井52眼,井深10m,基坑周边疏干井间距30m左右,共18眼。在止水帷幕6m外设置回灌井,井径600mm,间距30~35m左右,井深6m,共25眼
	西客站片区安置一区6号地块	在基坑内布置疏干井30眼,井深7m。在基坑外侧设置回灌井,间距20m左右,井深8m,共31眼
	润华集团经十西路南广场	在基坑内布置疏干井47眼。在基坑外侧设置回灌井,井深10m,共11眼
	济南二机床吉尔西苑项目	在基坑周边布置53眼降水井,降水井井深设计约13m,井间距约15m。共布置18眼疏干井,井深约14m,井间距约30m。邻近现有建筑地段和止水帷幕外布设观测回灌井25眼,井深12.00m。降水井、疏干井和回灌井井径均为700mm,井管直径400mm,井管采用混凝土无砂滤水管,管壁外侧回填滤料采用中粗砂
	济南市电磁线厂集资建房项目	基坑周边按15.0m左右间距布设降水井,共布设23眼;坑内按25m间距布设疏干井6眼。降水井及疏干井井径均为700mm,井管为500mm,反滤层采用5~10mm碎石,厚度不小于100mm,井深13~15m。在基坑止水帷幕外设置坑外回灌井21眼,回灌井做法同坑内降水井
洪楼花园路区域	历城招待所片区改造项目B地块	疏干井井数为24口,井深约为11.5~14.6m,井径Φ700,滤水管直径Φ500,滤水管采用无砂滤水管,井管外采用2~5mm细石填料。基坑四周止水帷幕外侧布置回灌井共计50个,井深20m,井距10m,回灌井直径与降水井直径相同
	万科城化纤厂B-3地块	降水井设计井深14~20m,管内径400mm,孔径650mm~700mm。井间距11~14m,沿周边布置71眼降水井,中部7个主楼内基坑附近布置14眼疏干井,共85眼,东北商业楼方向和东部奥西路方向布置12眼回灌井、兼顾水位监测井;井深18~20m
	华夏海龙鲁艺剧院东棚户区改造B地块	沿基坑周边布设54眼降水井,间距15.0~16.0m;基坑内按照井间距30.0m布设20眼疏干井。基坑四周按照15.0m间距布置回灌井60眼,结构同降水井
	御华园项目	沿基坑周边紧贴基坑上边线内侧设置降水井44眼,井间距约12~15m,在基坑中间按30m左右间距设17眼疏干井,井深16.5m;共布置抽水井61眼。在基坑周围建筑物附近,布置20眼回灌井,布置观测井17眼,井深12m
	济南热力公司客服中心	降水井深14m,间距12m,共6个,回灌井深8m,间距15m,共5个。施工工艺及材料完全相同。成孔直径700mm,井管为无砂混凝土滤水管
火车站片区	济南市政务服务中心工程	在基坑槽底边线内0.5m设置降水井22眼,井间距约15.0m,井深设计21.00m,设置疏干井8眼,井间距约20.0m,井深设计21.00m。另外在基坑周边适当地区布置回灌井,井间距约为10.0m,共计33眼,南侧防空洞处设计井深15.0m,其他部位设计井深10.0m
	济南市火车站北场站一体化	基坑周圈共布置50眼降水井,间距20.0m左右;1~11号降水井,井深14m;12~50号降水井,井深16.0m。在基坑内部设置43眼疏干井,间距为30.0m,深度为16m。止水帷幕外侧布置回灌井:共设置39眼回灌井,井间距为20m,设计井深8.5m
	山东交通医院医疗辅助楼	基坑采用集水明排的降水方式,基坑四周按照16.00m间距设置回灌井8眼,回灌井成孔直径200mm

续表

区域	项目名称	降水井与回灌井数量及构造
匡山黄岗片区	匡山欣苑小区二期	沿基坑周边共布置15眼降水井，降水井间距约15.0m，降水井深12.0m，基坑内布设疏干井7眼，间距约25.0～30.0m，井深12.0m。在基坑西侧南部及基坑南部布设10眼回灌井，间距10m，井深12.0m
	黄岗快速公交立体停车场	基坑周边布置降水井，降水井间距约15m，共布置25眼。在基坑内部设置8眼疏干井，间距为25.0m。在建筑物与帷幕之间，布设32眼回灌井，间距15.0m，井深6.0m
	药山安置房	基坑范围内共布置24眼降水井，间距20.0m左右，井深为10.0m。距基坑上口线约6.0m处，布设11眼回灌，井间距25m，井深6.0m，距离降水井间距不宜小于6m
五里牌坊片区	经七纬十二东南侧连城CD地块项	基坑四周设置降水井27眼，井深约18.00m。井间距约15m；在基坑外围布设观测回灌井10眼，井深18.00m，间距20.0m左右
	济南汽配厂地块诚基项目	基坑周边按14.0m左右间距布设降水井，共布设35眼；坑内按28.5～30.5m间距布设疏干井12眼。降水井及疏干井井径均为700mm，井管为400mm。基坑周边帷幕外侧按14.0m左右间距布设回灌井40眼，井深15.0m，结构与降水井相同
	天方怡景园小区	沿基坑周围，共布设23眼降水井，间距16.0m。基坑内设置5眼疏干井，井间距25.0m左右，降水井和疏干井共计28眼，深度10.0～12.5m。帷幕外侧设置回灌观测井25眼，井深8.0m
	名泉春晓E地块	基坑周边布置降水井，井间距约为15m，共计45眼，设计井深14m。基坑内部布置疏干井，共计8眼疏干井深14m。降水井（疏干井）井径700mm，井管直径500mm，井管采用混凝土无砂滤水管，管壁外侧回填滤料。止水帷幕外侧布置45眼回灌井，井间距为15m，设计井深10m，结构与降水井相同
堤口路片区	恒生·望山项目	沿基坑周边紧贴基坑上边线设置降水井30眼，井深12.3～13.5m，井间距约20m。在基坑周围，布置28眼回灌井，井深10m
	万盛片区	沿基坑周边设置降水井42眼，井深13m，井间距约15m。在基坑周围，布置44眼回灌井，井深6m，井间距约15m

根据调查发现，基坑降水回灌的实施过程中存在以下两方面的问题：

（1）在设计上，设置回灌井的目的主要是满足周边建筑物或市政管线的沉降变形要求，回灌井的数量与基坑周边环境有关。但总体来说，回灌井的数量远远少于降水井的数量，基坑抽水量远大于回灌量，大量的地下水通过市政地下管网排走，造成大量的水资源浪费。同时，在回灌井的构造上，基本采用与降水井相同的结构。在回灌井数量和间距的设置上缺乏设计依据，基本是按照经验进行设计。

（2）在施工上，回灌井直接采用降水管网抽取的地下水进行自然回灌，由于回灌量远小于降水量，回灌井很容易灌满溢出，现场采用人工关闭回灌井进水阀门的方式进行控制，造成回灌不连续。由于回灌量小且回灌控制繁琐，施工现场经常出现回灌中断或长时间不回灌的现象。因施工现场普遍没有设置量测仪表量测回灌水量，实际准确的回灌效果无从知晓。另外，在调查中还发现，实际回灌井的施工不按照设计文件设置回灌井，少打回灌井的现象比较普遍。

1.9 本章小结

本章首先介绍基坑降水工程的特点、常用的基坑降水方法等，然后详细介绍济南地区泉域地下水系统，结合近年来济南地区地下工程发展状况，并对目前济南地区基坑降水回灌现状进行分析，得出泉城济南地下水保护的必要性，并进一步指出基坑回灌工程的可行性与必要性。

参 考 文 献

[1] Li G. C. , Luan X. F. , Yang J. W. , Lin X. B. Value capture beyond municipalities: transit-oriented development and inter-city passenger rail investment in China' s Pearl River Delta. Journal of Transport Geography, 2013, Vol. 33: 268-277.

[2] 刘国彬，王卫东. 基坑工程手册（第二版）[M]. 北京：中国建筑工业出版社，2009.

[3] 张学飞. 基坑工程非稳定渗流场的有限元分析 [D]. 太原理工大学硕士学位论文，2010.

[4] 张邦芾. 基坑工程地下水渗流场特性研究 [D]. 中国建筑科学研究院硕士学位论文，2014.

[5] 许烨霜. 考虑地下构筑物对地下水渗流阻挡效应的地面沉降性状研究 [D]. 上海交通大学，2010.

[6] 孙文娟. 软土地基中基坑围护结构的挡水作用机理及其工程应用 [D]. 上海交通大学，2010.

[7] 李永盛. 上海博物馆基坑围护结构的受力与变形 [J]. 岩土工程学报，1996，18 (3)：55-61.

[8] 李琳. 工程降水对深基坑性状及周围环境影响的研究 [D]. 同济大学博士论文，2007.

[9] 冯海涛. 深基坑地下水控制的有限元模拟及分析 [D]. 天津大学硕士学位论文，2006.

[10] 姚天强，石振华. 基坑降水手册 [M]. 北京：中国建筑工业出版社，2006.

[11] 吴林高等. 工程降水设计施工与基坑渗流理论 [M]. 北京：人民交通出版社，2003.

[12] 吴林高，方兆昌，李国，娄荣祥等. 基坑降水工程实例 [M]. 北京：人民交通出版社，2009.

[13] 薛禹群等. 地下水动力学（第二版）[M]. 北京：地质出版社，1997.

[14] GB50027—2001 供水水文地质勘察规范 [S].

[15] 徐军祥，邢立亭，魏鲁峰. 济南岩溶水系统研究 [M]. 北京：冶金工业出版社，2012.

[16] Kaledhonkar, M. J. , Singh, O. P. , Ambast, S. K. , Tyagi, N. K. , Tyagi, K. C. . Artificial groundwater recharge through recharge tube wells: A case study [J]. Journal of the Institution of Engineers (India): Agricultural Engineering Division. 2003, Vol. 84: 28-32.

[17] Kohsaka, N. Miyake, N. . Application of multi-layer dewatering and vertical recharge system in dewatering for underground works [J]. International Symposium 2000 on Groundwater Updates. 2000.

[18] Ervin, MC. Morgan, JR. . Groundwater control around a large basement [J]. Canadian Geotechnical Journal. 2001, Vol. 38, No. 7: 732-740.

[19] Rahman, MA. Wiegand, BA. Badruzzaman, ABM. Ptak, T. . Hydrogeological analysis of the upper Dupi Tila Aquifer, towards the implementation of a managed aquifer-recharge project in Dhaka City, Bangladesh [J]. Hydrogeology Journal. 2013, Vol21, No. 5: 1071-1089.

[20] Yuan, H. Hong, Y. . Control of artificial recharge on foundation pit deformation due to dewatering [J]. Global Conference on Civil, Structural and Environmental Engineering / 3rd International Symp on Multi-field Coupling Theory of Rock and Soil Media and its Applications. 2012.

[21] Wang, JX. Feng, B. Liu, Y. Wu, LG. Zhu, YF. Zhang, XS. Tang, YQ. Yang, P. . Controlling subsidence caused by de-watering in a deep foundation pit [J]. Bulletin of Engineering Geology And The Environment. 2012, Vol. 71, No. 3: 545-555.

[22] Huang, Y. -C. , Xu, Y. -Q. . Numerical simulation analysis of dewatering and recharge process of deep foundation pits [J]. Yantu Gongcheng Xuebao/Chinese Journal of Geotechnical Engineering. 2014, Vol. 36: 299-303.

[23] Wan, Y. . Recharging technique for settlement control of adjacent buildings under dewatering of deep foundation pit in floodplain area of the Yangtze River [J]. Modern Tunnelling Technology. 2014, Vol. 51: 490-494.

第 2 章　水文地质参数的测定

2.1　水文地质参数的基本概念

2.1.1　表征含水层自身特性的参数

1. 含水层的渗透性

(1) 渗透系数

渗透系数又称为水力传导系数，在达西定律中的物理意义是当水力坡度等于 1 时的渗透速度，是表示岩土体透水性的指标，是含水层的非常重要的水文地质参数之一。因为水力坡度无量纲，所以渗透系数具有速度的量纲 $[LT^{-1}]$，常用 cm/s 或 m/d 表示。渗透系数不仅取决于岩石的性质（如粒度、成分、颗粒排列、充填状况、裂隙性质及其发育程度等），而且与渗透液体的物理性质（重度、黏滞性等）有关[1,2]。理论分析表明，空隙大小对 K 值起主要作用，这就在理论上说明了为什么颗粒愈粗，透水性愈好。渗透系数的经验值见表 2-1。

渗透系数经验值[1]　　**表 2-1**

土的类别	渗透系数 K(cm/s)	土的类别	渗透系数 K(cm/s)
黏土	$<10^{-7}$	中砂	$1.0\times10^{-2}\sim1.5\times10^{-2}$
粉质黏土	$10^{-6}\sim10^{-5}$	中粗砂	$1.5\times10^{-2}\sim3.0\times10^{-2}$
粉土	$10^{-5}\sim10^{-4}$	粗砂	$2.0\times10^{-2}\sim5.0\times10^{-2}$
粉砂	$10^{-3}\sim10^{-4}$	砾砂	10^{-1}
细砂	$2.0\times10^{-3}\sim5.0\times10^{-3}$	砾石	$>10^{-1}$

(2) 导水系数

导水系数，是含水层渗透系数与含水层厚度的乘积，量纲为 $[L^2T^{-1}]$，是表示含水层出水能力的指标。考虑厚度为 M 的含水层，渗透系数为 K，则导水系数为[2]：

$$T=KM \tag{2-1}$$

式中　T——导水系数，量纲为 $[L^2T^{-1}]$；

K——渗透系数，量纲为 $[LT^{-1}]$；

M——含水层厚度，量纲为 $[L]$。

2. 含水层的贮水性

(1) 给水度

给水度，是表征潜水含水层重力疏水量能力的指标，其物理定义为，在饱和的潜水含水层中，每单位立方体含水层在重力作用下可自由流出的最大水量，量纲为 1[2]。给水度的经验值见表 2-2。

给水度的经验值[1] **表 2-2**

岩性	给水度经验值	岩性	给水度经验值	岩性	给水度经验值
黏土	0.02～0.035	粉砂	0.06～0.08	中粗砂	0.10～0.15
粉质黏土	0.03～0.045	粉细砂	0.07～0.10	粗砂	0.11～0.15
粉土	0.035～0.06	细砂	0.08～0.11	黏土胶结的砂岩	0.02～0.03
黄土状粉质黏土	0.02～0.05	中细砂	0.085～0.12	裂隙灰岩	0.008～0.10
黄土状粉土	0.03～0.06	中砂	0.09～0.13	—	—

（2）释水系数（或储水系数）

释水系数（或储水系数），是表征承压含水层弹性释水（或储水）能力的指标，其物理定义为，当承压含水层水头下降（或上升）一个单位时，从含水层水平面积为单位面积、高度为含水层厚度的柱体中释放（或储存）的水量，其量纲为 1[2]。

3. 含水层的水力坡度

含水层的水力坡度，是表示含水层中任意两点的水位（水头）差与该两点间直线距离的比值。量纲为 1。

2.1.2 表征含水层间相互作用的参数

1. 影响半径

影响半径，是表征抽水井对地下含水层影响范围的指标，从另一方面来说，也是表示地下水对抽水井的一种补给能力的抽象值，综合反映了含水层对抽水井的补给能力，是含水层的厚度、透水性能、相邻弱透水层和含水层的越层补给、边界的形状和性质等一系列因素的综合反映。因此，影响半径，又被称为“补给半径”或“引用影响半径”。影响半径常用字母 R 来表示，其量纲为［L］。

根据单位出水量和单位水位降深可分别确定影响半径的经验值，列于表 2-3 和表 2-4。根据含水层颗粒直径确定影响半径的经验值，列于表 2-5。

根据单位出水量确定影响半径经验值[1] **表 2-3**

单位出水量 $q=Q/s_w$[$(m^3/h)/m$]	影响半径 R(m)
＜0.7	＜10
0.7～1.2	10～25
1.2～1.8	25～50
1.8～3.6	50～100
3.6～7.2	100～300
＞7.2	300～500

根据单位水位下降确定影响半径经验值[1] **表 2-4**

单位水位降低 s_w/Q[$m/(l/s)$]	影响半径 R(m)
≤0.5	300～500
0.5～1.0	100～300
1.0～2.0	50～100
2.0～3.0	25～50
3.0～5.0	10～25
≥5.0	＜10

根据颗粒直径确定影响半径的经验值[1]　　　　**表 2-5**

地层	地层颗粒粒径(mm)	所占比重(%)	影响半径 R(m)
粉砂	0.05～0.10	<70	25～50
细砂	0.10～0.25	>70	50～100
中砂	0.25～0.5	>50	100～300
粗砂	0.5～1.0	>50	300～400
砾砂	1～2	>50	400～500
圆砾	2～3		500～600
砾石	3～5		600～1500
卵石	5～10		1500～3000

2. 越流因数

越流因数，是反应弱透水层越流能力的指标，常用字母 B 表示，量纲为［L］。考虑厚度为 M、渗透系数为 K 的弱透水层，当与弱透水层相接的主含水层导水系数为 T，则该弱透水层的越流因数 B 可以表示为[2]：

$$B=\sqrt{\frac{TM}{K}} \tag{2-2}$$

根据上式，弱透水层的渗透性愈小，厚度越大，则 B 越大。越流因数的变化很大，可以从几米到若干公里。对于一个完全隔水的覆盖层来说，B 为无穷大。

3. 越流系数

越流系数，也是反映弱透水层越流能力的参数。其定义为：当抽水含水层与相邻的供给越流的非抽水含水层之间的水头差为一个单位时，通过抽水含水层和弱透水层界面的单位面积上的水量。其量纲为［L］。考虑抽水含水层与相邻的供给越流的非抽水含水层间的弱透水层，其厚度为 M、渗透系数为 K，则其越流系数 σ' 为[2]：

$$\sigma'=\frac{K}{M} \tag{2-3}$$

通过弱透水层的越流量大小，与弱透水层的渗透系数 K 和厚度 M 有关。显然弱透水层的渗透系数 K 越大，厚度 M 越小，则越流的能力也越大。

4. 补给系数

补给系数，是表征含水层接受侧向和垂向补给能力的大小，与侧向补给系数 E_h 的平方与垂向补给系数 E_v 的平方之和的平方根成正比[1]。

$$E\propto\sqrt{E_h^2+E_v^2} \tag{2-4}$$

其中，侧向补给系数为：

$$E_h=\frac{v'}{2a} \tag{2-5}$$

式中　v'——地下水实际流速，其计算公式为：

$$v'=\frac{v}{n}=\frac{KI}{n} \tag{2-6}$$

式中　v——地下水的渗流速度；

I——水力坡度；

a——压力传导系数；

n——孔隙率。

垂向补给系数为：

$$E_v=\sqrt{\frac{K'/M'}{KM}+\frac{K''/M''}{KM}} \tag{2-7}$$

2.2 基坑降水回灌各阶段对水文地质参数的要求

2.2.1 降水回灌方案制订阶段

在降水回灌方案制订阶段，应搜集已有的地质、水文地质资料，进行现场踏勘，根据基坑开挖深度，基坑支护结构的设计要求，周边建筑物的控制标准，制订基坑降水回灌方案。在这个阶段，一般可采用区域的或场地附近已有的水文地质资料，也可以采用经验数据。

2.2.2 优化方案阶段

在方案被采纳，进入优化和实施方案阶段应通过现场抽水回灌试验取得实测的水文地质参数。抽水回灌试验的布置应与场地的水文地质条件、基坑支护结构的设计要求、基坑降水回灌水文地质计算方法所需要的参数相一致。一般应通过单孔抽水、单孔回灌和布置一个和多个观测孔的非稳定流抽水及回灌试验来获取含水层的参数，作为优化设计方案的依据。

2.2.3 制订降水回灌运行方案阶段

根据优化了的设计方案，全部井群施工完毕后进入制订基坑降水运行方案阶段。该阶段需进行部分降水井的群井抽水，将观测孔的计算资料与实测资料进行拟合，调整含水层参数，并根据群井抽水时的环境监测资料，基坑施工的各个工况作为制订降水运行方案的依据。

2.3 室内试验测定渗透系数

含水层水文地质参数的测定方法，主要有室内试验测定方法和野外现场试验方法。本节首先介绍水文地质参数的室内试验测定与计算方法。

采用室内试验测定水文地质参数时需要注意以下几点：

(1) 应注意土样的代表性，若有薄层粉砂，应再做水平向的渗透试验；特别需要注意的是在砂土中一般取出的原状土很难具有代表性，会影响渗透系数的准确性。

(2) 应注意考虑室内温度的影响。室内温度与不同季节温度间的差异，可能会引起错误的试验结果。

(3) 应注意考虑土样盐分的影响。当土样含有盐分，也会使试验结果受到影响。

2.3.1 室内渗透试验的测定方法

（1）利用常水头渗透试验测定渗透系数

$$K=\frac{VL}{hAt} \tag{2-8}$$

式中 V——在时间 t 时水的体积（m^3）；

L——渗透路径长度（m）；

h——水头差（m）；

A——土样界面面积（m^2）。

（2）利用变水头渗透试验测定渗透系数

$$K=\frac{aL}{At}\ln\frac{h_0}{h} \tag{2-9}$$

式中 a——测压管断面积，单位为 m^2；

h_0——变水头渗透试验的初始水头，单位为 m；

h——dt 时刻的水头，单位为 m。

2.3.2 室内土工试验结果的间接推求

（1）根据固结系数 C_v 求渗透系数

根据土体固结试验求得土样的固结系数 C_v 计算公式：

$$C_v=\frac{K(1+e)}{\alpha_v\gamma_w} \tag{2-10}$$

从而得出：

$$K=\frac{C_v\alpha_v\gamma_w}{(1+e)} \tag{2-11}$$

式中 C_v——固结系数（cm^2/s）；

α_v——压缩系数（1/kPa）；

γ_w——水的重度（kN/m^3）；

e——孔隙比。

（2）根据颗分曲线的有效粒径 D_{10} 计算渗透系数：

$$K=CD_{10} \tag{2-12}$$

式中 D_{10}——有效粒径（mm）；

C——根据室内试验与当地经验的统计而得到的取值。

2.4 野外现场试验测定与计算方法

考虑到室内试验的局限性，实际工程中多采用野外现场试验的方法来测定水文地质参数，为基坑降水提供参考。下面将详细介绍野外现场试验的测定及水文地质参数的求解。

2.4.1 基坑降水回灌工程常用的野外水文地质试验

基坑降水回灌工程常用的野外水文地质试验的方法与要求见表 2-6。

常用的野外水文地质试验方法与要求[1] **表 2-6**

试验名称	适用范围	目的	一般方法与要求
抽水试验	供水水文地质、排水、疏干、基坑降水和灌溉水文地质勘查中的重要方法之一	测定含水层参数，评价含水层的富水性，确定井的出水量和特性曲线，了解含水层中的水力联系和含水层的边界条件，为评价地下水资源，制订井群布置或疏干方案提供依据	根据不同需要，进行单孔、多孔、互阻或群孔抽水，稳定流与非稳定流抽水，完整井或非完整井抽水，定流量或定降深抽水（或放水）分层或混合抽水，阶梯下降抽水、分段抽水等。根据不同目的，确定观测孔离主孔的距离、深度和过滤器的位置和长度。 一般都用水泵以固定流量抽水测定主孔与观测孔随时间而变化的水位值或在自流水地区固定水位降深测定随时间而变化的主孔流量和观测孔水位值的方法进行
冲击试验	供水、排水和地基勘察中运用的简易方法	测定地层（包括含水层和弱透水层）的渗透系数、储水系数和井反应时间	在地下水位相对稳定后，瞬间向井内注入或吸取一定容积的水，观测主孔或观测孔水位波动和恢复
注水试验	地下水位埋藏很深，不便进行抽水试验，或在回灌井或吸收井中运用	测定岩层的渗透系数	连续往孔内注水，保持水位稳定和注入量的稳定（一般稳定 4～8h），以此数据计算渗透系数
试坑渗水试验	一般在工程地质勘察中运用	测定包气带、非饱和岩层的渗透系数	表层干土层中挖一试坑，坑底离地下水位 3m 以上，向坑内注水，水位保持高出坑底 10cm，观测单位时间内渗水量，为试坑法。单环法，在坑底嵌入面积为 $1000cm^2$ 圆环，在圆环内注水。双环法，即在坑底嵌入 2 个环，分别注水，以排除侧向渗透影响
地下水流向、流速测定	在不同目的的水文地质勘察的初勘阶段进行	测定地下水流向和实际流速	先根据 3 个钻孔中地下水位的标高，用作图法确定地下水流向，然后沿流向成扇形布置 4 个钻孔，圆心 1 个孔，弧形上 3 个孔，其中 1 个孔在流向方向上。测定实际流速有化学法、比色法、电解法、充电法和放射性失踪原子法
连通试验	在岩溶地区，在测绘基础上表明有连通性的地段	为研究岩溶地下水系的补给范围、补给速度、补给量与相邻地下水系的关系，与地表水的转化关系，实测地下水流速、流向、流量；以合理开采地下水；为查明渗漏途径、渗漏量、洞穴规模和延伸方向；为截流、排洪、引水工程提供资料	连通试验常用方法为水位传递法（可分闸水、放水、储水、抽水等试验）、指示剂法（可分浮标法、比色法、化学剂示踪法、放射性同位素示踪法等）、气体传递法（烟熏法或烟幕弹法）。根据要求达到的目的选用不同方法。水位传递和气体传递法主要分别了解地下水位以下和地下水位以上溶洞的连通情况，指示剂法不但了解地下水连通情况、流域特征，还可实测地下水流速、流向和流量，了解地下水与地表水的转化关系

2.4.2 抽水试验测定

1. 抽水试验的类型和目的

在上述野外现场试验中，最常见的是抽水试验。抽水试验的类型和目的，见表 2-7。

抽水试验的类型和目的[1] **表 2-7**

试验类型的划分	类型	适用范围	目的	备注
抽水孔与观测孔的数量	单孔抽水(无观测孔)	在方案制订和优化方案阶段	确定含水层的富水性、渗透性及流量与水位降的关系	方法简单,成本低,但有些参数不能取得
	多孔抽水(一到几个观测孔,多到几十个观测孔)	在优化方案阶段,观测孔布置在抽水含水层和非抽水含水层内	确定含水层的富水性、渗透性和各向异性,漏斗的影响范围和形态,补给带的宽度,合理的井距,流量与水位降的关系,含水层与地表水之间的联系,含水层之间的水力联系进行流向流速测定和含水层给水度的测定等	根据不同目的布设观测孔,测得的各项参数较正确,但成本较高
含水层的厚度和数量	分层抽水	各含水层的水文地质特征尚未查明的地区,选择典型地段进行	确定各含水层的水文地质参数,了解各含水层之间的水力联系	含水层之间应严格分层、止水
	混合抽水	含水层各层的水文地质特征已基本查清的地区	确定某一含水层组的水文地质参数	
抽水孔滤管长度与含水层厚度的比值	完整井抽水	含水层厚度不大于 25～30m,一般均进行完整井抽水	确定含水层的水文地质参数	滤水管长度与含水层厚度之比超过 90%
	非完整井抽水	含水层厚度大,不宜进行完整井抽水的地区	确定含水层的水文地质参数,确定含水层的各向异性	滤水管长度小于厚度的 90%
考虑水位降或流量是否随时间变化	稳定抽水试验	单孔抽水,用于方案制订或优化方案阶段	测定含水层的渗透系数,井的特性曲线,井损失	成本低,不考虑抽水后水位随时间变化的关系
	非稳定抽水	一般需要 1 个以上的观测孔,用于优化方案阶段	测定含水层的水文地质参数,了解含水层的边界条件,顶底板弱透水层的水文地质参数、地表水与地下水、含水层之间的水力联系	考虑抽水开始后水位(或流量)随时间变化的全过程,能测定稳定抽水无法测到的某些参数
流量与水位的关系	阶梯抽水试验	用于优化方案阶段	测定井的出水量曲线方程(井的特性曲线)和井损失	
专门目的	群孔抽水试验(多个井同时抽水,布置若干观测孔)	用于制订降水运行方案阶段	根据基坑施工的不同工况制订降水运行方案	一般需要进行数天到一周

2. 抽水试验的基本要求[4]

(1) 抽水孔的布置

1) 布置位置

抽水孔的布置，应根据勘察阶段，地质、水文地质条件和地下水资源评价方法等因素确定，并应符合下列要求：

① 详查阶段，在可能富水的地段均宜布置抽水孔。

② 勘探阶段，在含水层（带）富水性较好和拟建取水构筑物的地段均宜布置抽水孔

2) 布置数量

抽水孔占勘探孔（不包括观测孔）总数的百分比（%），宜不少于表 2-8 的规定。

抽水孔占勘探孔总数的百分比[1] **表 2-8**

地区	详查阶段	勘探阶段
基岩地区	80	90
岩性变化较大的松散层地区	70	80
岩性变化不大的松散层地区	60	70

注：抽水试验的工作量中，宜包括带观测孔的抽水试验。

在松散含水层中，可用放射性同位素稀释法或示踪法测定地下水的流向、实际流速和渗透速度等，了解地下水的运动状态。

（2）观测孔的布置

抽水试验观测孔的布置，应根据试验目的和计算公式的要求确定，并宜结合在降水运行时的观测孔布置。

1）布置方向与数量

观测孔的方向，宜以抽水孔为原点，布置 1～2 条观测线。其中，1 条观测线时，宜垂直地下水流向布置；2 条观测线时，其中一条宜平行地下水流向布置。每条观测线上的观测孔宜为 3 个。

2）布置距离

距抽水孔近的第一个观测孔，应避开三维流的影响，其距离不宜小于含水层的厚度；最远的观测孔距第一个观测孔的距离不宜太远，并应保证各观测孔内有一定水位下降值。观测孔的布置距离，见表 2-9～表 2-11。

观测井布置距离参考资料之一[1] **表 2-9**

含水层岩性	抽水时水位降深(m)	主孔与观测孔间距(m)				备注
		孔 1	孔 2	孔 3	孔 4	
粉细砂	<15	10	20	35	60	适用于潜水含水层、抽水孔为完整井
	15～30	15	30	50	100	
细砂	<8	10	20	40	100	
	8～15	15	30	60	120	
	15～30	20	40	70	150	
中砂	<5	15	30	50	100	
	5～10	20	40	70	120	
	10～15	30	50	80	150	
粗砂	<4	20	35	60	100	
	4～8	30	50	80	120	
	8～12	40	60	90	150	
砾砂	<3	20	30	50	80	
	3～5	30	50	80	120	
	5～10	40	70	120	200	
砾石	<3	30	60	100	160	
	3～4	40	70	120	200	
	4～8	50	90	150	300	
卵石	<3	40	70	120	200	
	3～6	50	90	150	300	

注：根据原建筑工程部综合勘察院资料。

观测孔布置距离参考资料之二[1] 表 2-10

	含水层渗透性	观测孔数与方孔间距(m)		
		2	3	4
强	$K>10^{-2}$m/s,不夹粉砂之砾石、非常粗的冲积物	5 15～20	5 15～20 50～100	5 15～20 50～100 200～300
中等	$10^{-2}>K>10^{-3}$m/s,夹粉砂之砾石、粗砂	3 10～15	3 15～15 20～30	3 10～15 20～30 200
弱	$K<10^{-3}$m/s	2 8～10	2 8～10 10～15	2 8～10 10～15 100

注：根据法国非稳定流方法抽水试验研究资料。

观测孔布置距离参考资料之三[1] 表 2-11

含水层的岩性	渗透系数(m/d)	地下水类型	主孔与观测孔的间距(m)			备注
			第一孔	第二孔	第三孔	
裂隙发育的岩层	>70	承压水 自由水	15-20 10-15	30-40 20-30	60-80 40-60	如主孔水位下降值大于 8m 时,间距值应增加(1.5～1.7)倍
没有充填的砂层、卵石层、均质的粗砂和中砂	>70	承压水 自由水	8-10 4-6	15-20 10-15	30-40 20-25	
稍有裂隙的岩层	20～70	承压水 自由水	6-8 5-7	10-15 8-12	20-30 15-20	
含大量细粒充填物的砾石、卵石层	20～70	承压水 自由水	5-7 3-5	8-12 6-8	15-20 10-15	
不均匀的中粗粒混合砂及细砂	5～20	承压水 自由水	3-5 2-3	6-8 4-6	10-15 8-12	

注：根据苏联 150 个稳定流方法抽水资料，并参照西安冶金勘察公司资料修订。

3）过滤器长度

在一般情况下，位于抽水含水层中的观测孔的过滤器的位置应与抽水孔一致，并且各观测孔的过滤器长度宜相等，并安置在同一含水层和同一深度。

（3）试验规模与形式

对富水性强的大厚度含水层，需要划分几个试验段进行抽水时，试验段的长度可采用 20～30m。对多层含水层，需分层研究时，应进行分层（段）抽水试验。采用数值法评价地下水资源时，宜进行一次大流量、大降深的群孔抽水试验，并应以非稳定流抽水试验为主。

（4）抽水孔、观测孔水位的观测

抽水试验前和抽水试验时，必须同步测量抽水孔和观测孔、点（包括附近的水井、泉和其他水点）的自然水位和动水位。如自然水位的日动态变化很大时，应掌握其变化规律。抽水试验停止后，必须按非稳定流抽水试验动水位和出水量观测的时间要求，测量抽水孔和观测孔的恢复水位。

抽水试验结束后，应检查孔内沉淀情况，必要时，应进行处理。

抽水试验时，应防止抽出的水在抽水影响范围内回渗到含水层中。

对于有回灌要求的工程，在进行水质分析和细菌检验的水样时，宜在抽水试验结束前采取。其件数和数量应根据用水目的和分析要求确定。水位的观测，在同一试验中应采用同一方法和工具。抽水孔的水位测量应读数到厘米，观测孔的水位测量应读数到毫米。出水量的测量，采用堰箱或孔板流量计时，水位测量应读数到毫米；采用容积法时，量桶充满水所需的时间不宜少于15s，应读数到0.1s；采用水表时，应读数到0.1m^3。

3.稳定流抽水试验的技术要求

（1）水位下降次数

抽水试验时，水位下降的次数应根据试验目的确定，宜进行3次。其中最大下降值可接近孔内的设计动水位，其余2次下降值宜分别为最大下降值的1/3和2/3。各次下降的水泵吸水管口的安装深度应相同。

当抽水孔出水量很小，试验时的出水量已达到抽水孔极限出水能力时，水位下降次数可适当减少。

（2）水位稳定标准[4]

抽水试验的稳定标准，应符合在抽水稳定延续时间内，抽水孔出水量和动水位与时间关系曲线只在一定的范围内波动，且没有持续上升或下降的趋势。当有观测孔时，应以最远观测孔的动水位判定，并且在判定动水位有无上升或下降趋势时，应考虑自然水位的影响。

抽水试验的稳定延续时间，宜符合下列要求：

① 卵石、圆砾和粗砂含水层为8h。

② 中砂、细砂和粉砂含水层为16h。

③ 基岩含水层（带）为24h。

根据含水层的类型、补给条件、水质变化等因素，稳定延续时间可适当调整。

（3）水位观测[4]

抽水试验时，动水位和出水量观测的时间，宜在抽水开始后的第5、10、15、20、25、30min各测一次，以后每隔30min或60min测一次。

水温、气温观测的时间，宜每隔2～4h同步测量一次。

4.非稳定流抽水试验的技术要求[4]

（1）抽水量与抽水时间

抽水孔的出水量，应保持常量。抽水试验的延续时间，应按水位下降与时间［s（或$\triangle h_2$)-lg$t$］关系曲线确定，当s（$\triangle h_2$)-lg$t$关系曲线有拐点时，则延续时间宜至拐点后的线段趋于水平；当s（$\triangle h_2$)-lg$t$关系曲线没有拐点时，则延续时间宜根据试验目的确定。其中，拐点是指曲线上斜率的导数等于零的点。

并且要注意，在承压含水层中抽水时，采用s-lg$t$关系曲线；在潜水含水层中抽水时，采用$\triangle h_2$-lg$t$关系曲线。当有观测孔时，应采用最远观测孔的s（或$\triangle h_2$)-lg$t$关系曲线。

（2）水位观测

抽水试验时，动水位和出水量观测的时间，宜在抽水开始后第1、2、3、4、6、8、10、15、20、25、30、40、50、60、80、100、120min后各观测一次，以后可每隔30min观测一次。

（3）群井抽水试验

在群井抽水试验中，抽水孔的水位下降次数应根据试验目的而定。当一个抽水孔抽水时，对另一个最近的抽水孔产生的水位下降值，不宜小于 20cm。当抽水孔附近有地表水或地下水露头时，应同步观测其水位、水质和水温。

（4）开采性抽水试验

开采性抽水试验，宜在枯水期进行，并且总出水量宜等于或接近需水量（宜大于需水量的 80%）。当下降漏斗的水位能稳定时，则稳定延续期不宜少于 1 个月；而下降漏斗的水位不能稳定时，则抽水时间宜延续至下一个补给期。

5. 抽水试验设备要求

选取恰当的试验设备，不仅有助于试验的顺利进行，而且对试验结果的准确定有很大的帮助。抽水设备的种类较多，选择何种抽水设备较适宜，应根据钻孔的出水量、地下水位的深度、含水层的埋深，钻孔内动水位、钻孔直径，要求降低地下水位的深度，动力条件等综合考虑进行选择。现将抽水试验设备的一般要求与注意事项介绍如下。

（1）钻机

抽水试验钻孔施工时，钻进设备、钻进工艺和泥浆指标应根据含水层类型、地层岩性、水文地质条件、管井用途和井身结构等因素选择。合适的钻机需要确保钻后井身应圆正、垂直，并且井身直径不得小于设计井径，应保证井壁的稳定，并且钻机设备施工应减少对含水层渗透性和水质的影响，具有较高的钻进效率。

（2）抽水泵

抽水泵机具的选择，应根据地下水位埋藏条件及抽水试验要求来选择。当地下水位埋深较浅时，可以考虑选用离心泵，然而由于离心泵的吸程不大，一般在 6m 左右，在安装使用时需适当调整泵体落深，选取离心泵的数量时，还应考虑钻孔流量大小。

目前在抽水试验或基坑降水回灌中，常用的抽水泵是潜水泵、深井潜水泵。应根据抽水试验的目的、钻孔出水量大小、疏干含水层的渗透性等因素，选择潜水泵、深井潜水泵的扬程。

（3）空气压缩机

用空气压缩机也可以进行抽水试验，并且受静水位、动水位变化的限制较小，该方法对井管的垂直度敏感性不强。但是由于空气压缩机抽水风管、出水管与井管的口径以及它与钻孔出水量及风量风压等应相适应，若不适应，则不是动水位达不到预想的下降深度，就是出水量不均匀，从而使得抽水试验达不到应有的效果。为此现在多考虑到空气压缩机可以输送含泥砂的水的特点，多利用它清理井底的沉砂。

6. 试验资料整理

（1）主要目的

在进行抽水回灌试验时，应及时对抽水回灌试验资料进行整理，主要目的是：一方面，及时掌握抽水回灌试验是否按要求正常进行，水位和流量的观测结果是否有异常或错误，并分析异常或错误现象出现的原因，需及时纠正错误，采取补救措施，包括及时返工及延续抽水回灌时间等，以保证抽水回灌试验的顺利进行；另一方面，通过所绘制的各种水位、流量与时间关系曲线及其与典型关系曲线的对比，判断实际抽水回灌曲线是否能为水文地质参数计算提供基本的、可靠的原始资料。不同方法的抽水回灌试验，对资料整理的要求也有所区别。

（2）稳定流抽水试验现场资料的整理要求

在进行稳定流单井抽水试验时，应在现场及时绘制 Q-s、Q-t、q-s 曲线、s-t 历时曲线；而在有 3 个或 3 个以上的观测孔时，应绘制 $\lg s$-$\lg r^2$ 曲线。而在进行稳定流群井抽水试验时，在上述曲线基础上，还应该绘制抽水试验开始时试验区的初始等水位线图、抽水回灌试验不同时刻的等水位线图、不同方向的水位下降漏斗剖面图等。

图 2-1 表示抽水回灌试验常见的各种 Q-s 和 q-s 曲线类型。图中，曲线Ⅰ表示承压井流，还可能表示含水层厚度很大但降深相对较小的潜水井流；曲线Ⅱ表示潜水或承压转无压的井流，也有可能为三维流、紊流影响下的承压井流；曲线Ⅲ表示从某一降深值起，涌水量随降深的加大而增加很少；曲线Ⅳ表示补给衰竭或水流受阻，随着 s 加大 Q 反而减小；曲线Ⅴ通常表明试验有错误，但也可能反映在抽水过程中原来被堵塞的裂隙、岩溶通道被突然疏通等情况的出现。

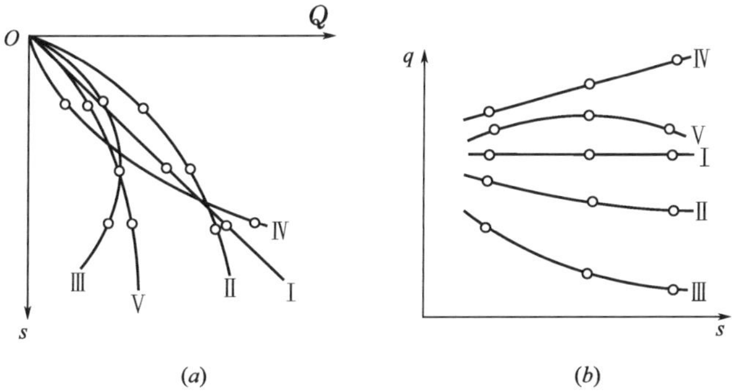

图 2-1　Q-s 与 q-s 关系曲线

（a）Q-s 关系曲线图；（b）q-s 关系曲线图

（3）非稳定流抽水试验现场资料的整理要求

在进行非稳定流单井抽水试验时，现场资料的整理主要是编绘水位降深和时间的各类关系曲线。一般情况下，首先绘制的是 s-$\lg t$ 或 $\lg s$-$\lg t$ 曲线；当水位观测孔数量较多时，尚需绘制 s-$\lg r$ 或 s-$\lg t/r^2$ 曲线（r 为观测孔至抽水主孔的距离）。而在进行非稳定流群井抽水试验时，除了绘制以上曲线外，还应该绘制试验区在抽水前的初始等水位线图、不同抽水时刻的等水位线图、不同方向的水位下降漏斗剖面图等。

对于水位恢复试验，尚需要绘制 s'-$\lg\left(1+\frac{t_p}{t'}\right)$ 和 s^*-$\lg\frac{t}{t'}$ 曲线。其中，s' 为剩余水位降深，s^* 为水位回升高度，t_p 为抽水主井停抽时间，t' 为从主井停抽后算起的水位恢复时间，t 为从抽水试验开始至水位恢复到某一高度的时间。

（4）抽水试验结果处理

根据上述稳定流抽水试验、非稳定流抽水试验的现场整理资料，进一步整理得到下列成果：

① $Q=f(t)$、$s=f(t)$ 曲线；

② $Q=f(s)$ 关系曲线；

③ $q=f(s)$ 关系曲线；

④ $\lg s$-$\lg t$ 和 s-$\lg t$ 关系曲线，或 $\lg s$-$\lg r^2$ 和 s-$\lg r^2$；

⑤ 水质分析成果表；

⑥ 抽水试验成果表；

⑦ 钻孔平面位置图；

⑧ 钻孔地质柱状图；

⑨ 抽水孔和观测孔的施工技术结构图。

7. 试验异常处理

抽水试验出现异常时，常见的原因及处理措施见表 2-12。

抽水试验异常现象的分析与处理[1]　　表 2-12

现　象	原　因	处　理
s 不变，Q 渐增或骤增；Q 不变，s 渐升或骤升	1. 地表水补给地下水：①水池塘补给（池塘水渐小，甚至干涸）；②永久性河流补给； 2. 排水的反补给； 3. 岩溶通道进水断面扩大（出现浑水）； 4. 抽水出砂量大，部分含水层抽空，增大了过水断面； 5. 洗孔不合要求，抽水中途"泥浆皮"脱落（出现浑水）	1. ①疏干小池塘水后，再转入正式抽水；②相对稳定 4 小时停抽，但应查明河流历年最大、最小和一般流量，以作为抽水点开采水量的评价依据； 2. 检查排水渠道，如有漏失，应及时堵塞或改变排水方向； 3. 延时抽水时间
s 不变，Q 骤减或 Q 不变，s 骤增	1. 由于含水层局部被抽空，顶部隔水土层突然坍塌（出现水浑），将过滤器部分"糊死"； 2. 补给水源不足，水位连续下降不恢复； 3. 含水层中细小颗粒或岩溶裂隙中的充填物淤塞过滤器； 4. 岩溶、裂隙充填物大量坍塌（出现水浑），堵塞过水断面	1. 停抽或延长抽水时间，直到 Q、s 与 t 关系曲线与变化前相近时为止； 2. 经试抽确属此因，不必转入正式抽水（可根据水位下降速度反算井的最大出水量）； 3. ①将风管喷头直接对准过滤器部分送风冲洗；②抽水顺序由小到大进行； 4. ①向孔内送水送风，再抽水，反复进行，至出水量正常；②将孔口封闭，用压风机压入空气，使水气混合物冲向裂隙、溶洞，使堵塞物稀散再抽水
s 与 Q 的相应变化无常	1. 抽水机械运转不正常； 2. 压风机抽水时，风管喷头以上漏气； 3. 离心泵抽水时，动水位以上之吸水管进气	1. 检查抽水机械； 2. 检查风管，重新上紧丝扣； 3. 检修密封吸水管
s 改变，而测水管水位基本不变	1. 测水管堵塞（下管前未检查）； 2. 测水管与孔底间距太小，抽水过程中孔内沉淀物堵塞测水管	用压风机将压缩空气送入测水管，将堵塞物冲出，提出测水管，逐根检查
s 渐降，Q 也逐渐变小	1. 地下水补给源不足； 2. 随抽水进行，堵在滤网上的砂粒增多，使过水断面渐渐减小	1. 按非稳定流处理，查清阻水边界或降低抽水强度； 2. 停抽，向孔内注水或用风管对准过滤器工作部分冲洗
从测水管向外冒水（空压机抽水）	测水管底位于风管喷头部分或位于其上	加深测水管或提动风管
出水管以外冒水（空压机抽水）	风管喷头超过出水管或与出水管底部相距太近	提动风管或加长出水管

2.4.3 根据稳定流抽水试验计算水文地质参数

水文地质参数计算可以采用 Dupuit 公式和 Thiem 公式。

1. 只有抽水孔观测资料时的 Dupuit 公式

（1）承压完整井

$$k=\frac{Q}{2\pi s_{w}M}\ln\frac{R}{r_{w}},\ R=10s_{w}\sqrt{k} \tag{2-13}$$

（2）潜水完整井

$$k=\frac{Q}{\pi(H^{2}-h^{2})}\ln\frac{R}{r_{w}},R=2s_{w}\sqrt{kH} \tag{2-14}$$

式中　k——含水层渗透系数（m/d）；

Q——抽水井流量（m^3/d）；

s_w——抽水井中水位降深（m）；

M——承压含水层厚度（m）；

R——影响半径（m）；

H——潜水含水层的初始厚度（m）；

h——潜水含水层抽水后的厚度（m）；

r_w——抽水井半径（m）。

2. 当有抽水井和观测孔的观测资料时的 Dupuit 或 Thiem 公式

（1）承压完整井

$$\text{Dupuit 公式：}h_{1}-h_{w}=\frac{Q}{2\pi KM}\ln\frac{r_{1}}{r_{w}} \tag{2-15}$$

$$\text{Thiem 公式：}h_{2}-h_{1}=\frac{Q}{2\pi KM}\ln\frac{r_{2}}{r_{1}} \tag{2-16}$$

（2）潜水完整井

$$\text{Dupuit 公式：}h_{1}^{2}-h_{w}^{2}=\frac{Q}{\pi KM}\ln\frac{r_{1}}{r_{w}} \tag{2-17}$$

$$\text{Thiem 公式：}h_{2}^{2}-h_{1}^{2}=\frac{Q}{\pi KM}\ln\frac{r_{2}}{r_{1}} \tag{2-18}$$

式中　h_w——抽水井中的稳定水位（m）；

h_1、h_2——分别为与抽水井距离为 r_1 和 r_2 处观测孔（井）中的稳定水位（m）。稳定水位等于初始水位 H_0 与井中水位降深 s 之差，即 $h_1=H_0-s_1$，$h_2=H_0-s_2$，$h_w=H_0-s_w$。

其余符号意义同前。

当水井中的降深较大时，可采用修正降深。修正降深 s' 与实际降深 s 之间的关系为：

$$s'=s-\frac{s^{2}}{2H_{0}} \tag{2-19}$$

2.4.4　根据非稳定流抽水试验计算水文地质参数

1. 承压含水层非稳定流抽水试验求参方法

（1）泰斯（Thesis）配线法

在两张相同刻度的双对数坐标纸上，分别绘制 Thesis 标准曲线 $W(u)$-$1/u$ 和抽水试验数据曲线 s-t，保持坐标轴平行，使两条曲线达到最佳重合，得到重叠曲线上任意匹配点的水位降深［s］、时间［t］、Thesis 井函数［$W(u)$］及［$1/u$］的数值，按下列公式计算参数（r 为抽水井半径或观测孔至抽水井的距离）：

$$T=\frac{0.08Q}{[s]}[W(u)],\ k=\frac{T}{M},\ s=\frac{4T[t]}{r^2\left[\frac{1}{u}\right]},\ a=\frac{r^2}{4[t]}\left[\frac{1}{u}\right] \tag{2-20}$$

以上为降深-时间配线法（s-t）。也可以采用降深-时间距离配线法（s-t/r^2）或降深-距离配线法（s-r）进行参数计算。

（2）雅可布（Jacob）直线图解法

当抽水试验时间较长，$u=r^2/(4at)<0.01$ 时，在半对数坐标纸上抽水试验曲线 s-lg$t$ 为一直线（延长后交时间轴于 t_0，此时 $s=0.00$m），在直线段上任取两点 t_1、s_1、t_2、s_2，则有：

$$T=\frac{0.183Q}{s_2-s_1}\lg\frac{t_2}{t_1},\ s=\frac{2.25Tt_0}{r^2},\ a=\frac{r^2}{2.25t_0} \tag{2-21}$$

（3）汉图什（Hantush）拐点半对数法

对于半承压完整井的非稳定流抽水试验（存在越流量，k'/M' 为越流系数），当抽水试验时间较长，$u=r^2/(4at)<0.1$ 时，在半对数坐标纸上绘制抽水试验曲线 s-lg$t$，外推确定最大水位降深 $s_{\max}$，在 s-lg$t$ 线上确定拐点 $s_i=s_{\max}/2$，拐点处的斜率 m_i 及时间 t_i，则有：

$$m_i=\frac{s_2-s_1}{\lg t_2-\lg t_1},\ \frac{2.3s_i}{m_i}=e^{\frac{r}{B}}K_0(\frac{r}{B}) \tag{2-22}$$

进而可得 $e^{\frac{r}{B}}K_0\left(\frac{r}{B}\right)$ 以及 $\frac{r}{B}$ 的值，从而有：

$$T=\frac{0.183Q}{m_i}e^{-\frac{r}{B}},\ s=\frac{2Tt_i}{Br},\ \frac{k'}{M'}=\frac{T}{B^2} \tag{2-23}$$

（4）水位恢复的半对数法

当抽水试验水位恢复时间较长，$u=r^2/(4at)<0.01$ 时，在半对数坐标纸上绘制停抽后水位恢复曲线 s-lg$t$，在直线段上任取两点 t_1，s_1，t_2，s_2，则有：

$$T=\frac{0.183Q}{s_1-s_2}\lg\frac{t_2}{t_1},\ a=\frac{r^2}{2.25t_1}10^{\frac{s_0-s_1}{s_1-s_2}\lg\frac{t_2}{t_1}} \tag{2-24}$$

（5）水位恢复的直线图解法

当抽水试验水位恢复时间较长，$u=r^2/(4at)<0.1$ 时，在半对数坐标纸上绘制停抽后水位恢复曲线 s-lg$t$，直线段的斜率为 B，则有：

$$T=\frac{2.3Q}{4\pi B},\ B=\frac{s_r}{\lg\frac{t}{t'}},\ t'=t-t_0 \tag{2-25}$$

式中　t_0——停止抽水时的累计抽水持续时间；

其余符号意义同前。

2. 潜水非稳定流抽水试验求参方法

潜水含水层水文地质参数计算可采用仿 Thesis 公式法。

对于潜水完整井流，仿 Thesis 公式为：

$$H_0^2 - h_w^2 = \frac{Q}{2\pi k}W(u)\ , u = \frac{r^2}{4at} = \frac{r^2\mu^*}{4Tt} \tag{2-26}$$

式中　$T = kh_m$（m/d^2），

h_m——潜水含水层的平均厚度（m）；

a——含水层的导压系数（1/d）；

μ^*——潜水含水层的重力水释水系数，$\mu^* = \mu \cdot h_m$；

μ——潜水含水层的给水度；

其余符号意义同前。

具体计算时，可采用类似前述的配线法、直线图解法、水位恢复法等。

2.4.5　根据冲击试验（slug test）计算水文地质参数

冲击试验又称定容积试验，即在井内水位达到稳定后，瞬间注入或取出一定体积的水，随后根据井内水位的恢复计算水文地质参数。通常将一定长度的实心金属圆柱体沉入井内静水位以下，待井内水位恢复到稳定后，瞬间将金属圆柱体提出孔外，同时将该时刻作为试验的起始时间，其瞬间的井内最大水位降深 H_0 可由金属圆柱体体积换算。自试验起始时刻起，测定不同时间的水位上升高度至水位恢复稳定止。同样，当水位恢复稳定后，可瞬间向孔内放入一定长度的金属实心圆柱体，水位瞬间上升，其高度 H_0 可用金属圆柱体体积换算求得，然后测定不同时间水位下降的高度，直到水位恢复稳定。该方法可反复进行，具有快速简便、节约经济等特点，得到广泛应用。对透水性好的砂性土，由于水位恢复速度快，可采用水位传感器和数据自动采集仪来测定水位。对透水性差的黏性土，在很难进行抽水试验的情况下，可用手工的方法测定孔内水位并较方便正确的测定参数。

1. 承压含水层中的冲击试验

如图 2-2 所示，容积为 V 的水瞬间注入孔内或从孔内取出后，井内水位突然高出或低于静止水位的高度为：

$$H_0 = V/\pi r_c^2 \tag{2-27}$$

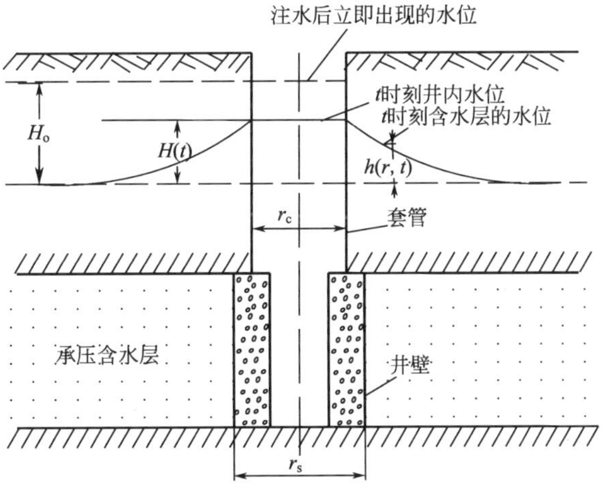

图 2-2　定容积水突然注入井内后的示意图

随后，水位逐渐向初始水位逼近，恢复过程中某一时刻的水位为 H（t），按下式计算：

$$H/H_0=(8\alpha/\pi^2)\int_0^{\infty} e^{-\beta u^2/\alpha}\mathrm{d}u/(u\Delta u) \tag{2-28}$$

根据式（2-28），在半对数纸上可绘制一组簇不同 $\alpha=Sr_s/r_c$ 的 H/H_0-$\lg(Tt/r_c^2)$ 标准曲线簇（图 2-3）。根据冲击试验测得的水位恢复资料，可绘制 H/H_0-$\lg t$ 曲线（半对数纸模数相同）。将试验曲线 H/H_0-$\lg t$ 与标准曲线 H/H_0-$\lg(Tt/r_c^2)$ 叠合，保持横坐标重合，左右移动，找到最佳配合曲线，在其上可确定任意匹配点的坐标值［Tt/r_c^2］、［t］，［α］等一组数据，然后根据下式计算 T 和 S：

$$T=\frac{r_c^2}{t},\quad S=\frac{r_c^2\alpha}{r_s^2} \tag{2-29}$$

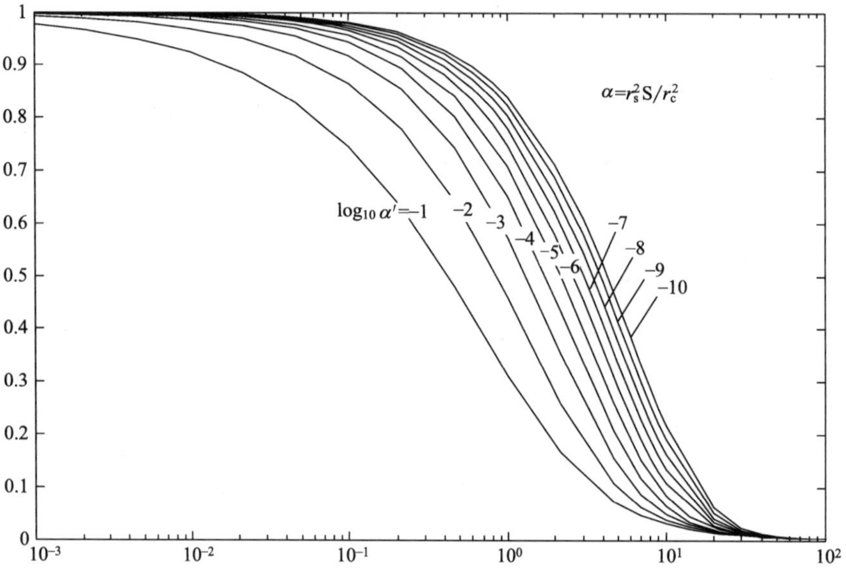

图 2-3　H/H_0-$\lg(Tt/r_c^2)$ 标准曲线簇

2. 无压含水层中的冲击试验

试验方法与上述承压水层中的冲击试验方法相同，现场试验如图 2-4 所示。根据 Thiem 公式，有：

$$Q=2\pi kL\frac{Ht}{\ln(R_c/r_s)} \tag{2-30}$$

式中，R_c 为水位下降 H_0 全部消散所影响的范围的半径，其余符号意义同前。水位上升的速率为：

$$\mathrm{d}H/\mathrm{d}t=-Q/\pi r_c^2 \tag{2-31}$$

将式（2-30）与式（2-31）联立求解，可得到：

$$\frac{1}{H}\mathrm{d}H=\frac{-2kL}{r_c^2\ln(R_c/r_s)}\mathrm{d}t \tag{2-32}$$

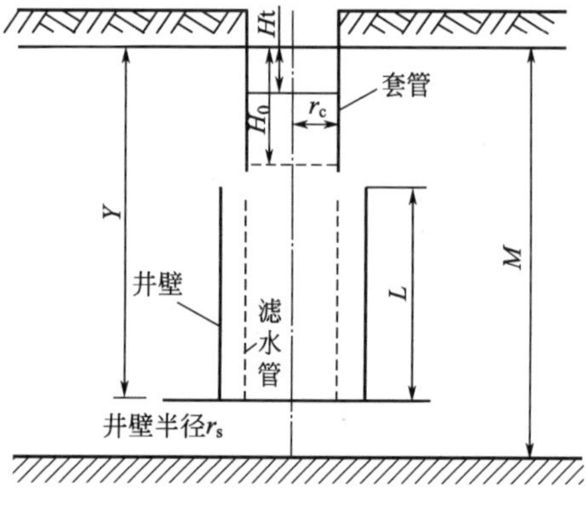

图 2-4　无压含水层中冲击试验示意图

对式（2-32）积分后得：

$$k=\frac{r_c^2\ln(R_c/r_s)}{2L}\frac{1}{t}\ln\frac{H_0}{H_t} \tag{2-33}$$

$$T=\frac{Mr_c^2\ln(R_c/r_s)}{2L}\frac{1}{t}\ln\frac{H_0}{H_t} \tag{2-34}$$

利用式（2-33）、式（2-34）计算时，可根据冲击试验水位恢复资料绘制 t-lgH_t 曲线，在曲线的直径段上（或该直线的延长线上）任选一个 t，可得到一个 H_t。

当 $M>y$，$\ln(R_c/r_s)=\left[\frac{1.1}{\ln(y/r_s)}+\frac{A+B\ln[(M-y)/r_s]}{L/r_s}\right]^{-1}$；

当 $M\gg y$，$\ln[(M-y)/r_s]>6$ 时则以 6 代替；

当 $M=y$，$\ln(R_c/r_s)=\left[\frac{1.1}{\ln(y/r_s)}+\frac{C}{L/r_s}\right]^{-1}$

系数 A、B、C 与 L/r_s 有关，可按图 2-5 查得。

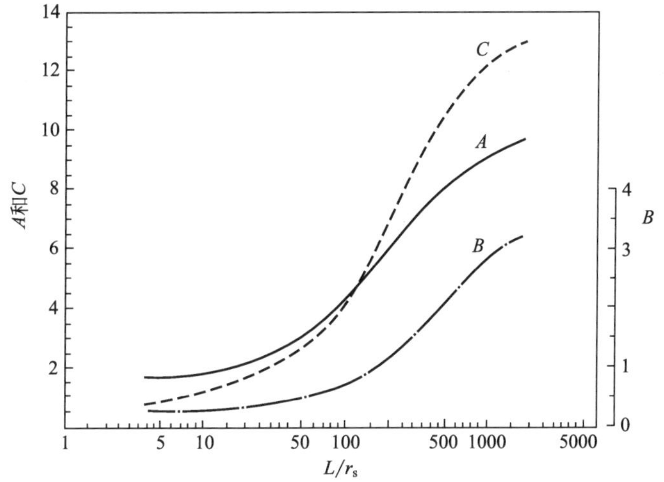

图 2-5　L/r_s 与系数 A、B、C 的关系曲线

2.5　本章小结

本章首先介绍水文地质学的基本概念，根据基坑降水回灌不同阶段对水文地质参数的要求，详细介绍了水文地质参数的室内试验测定方法，以及野外现场试验测定方法。

参 考 文 献

［1］ 姚天强，石振华．基坑降水手册［M］．北京：中国建筑工业出版社，2006.

［2］ 薛禹群．地下水动力学［M］．北京：地质出版社，1997.

［3］ 陈崇希，林敏．地下水动力学［M］．武汉：中国地质大学出版社，1999.

［4］ GB 50027—2001．供水水文地质勘察规范［S］．北京：中国计划出版社，2001.

第 3 章　基坑外回灌水位与水量的关系

地下水回灌是抽水的逆过程，回灌和抽水过程中水的运动方向不同。抽水井形成流向井的径向聚集的水流，产生潜水面或承压水面的下降；而回灌井形成由井向外的径向辐射的水流，则造成潜水面或承压水面的升高。回灌井井中心位置水位最高，水位向井周围含水层逐渐降低，地下水的运动为发散的径向流。因此，适用于抽水的理论对于回灌同样适用，基于此建立起地下水回灌的渗流数学模型和计算公式。

3.1　单井回灌水位与水量的计算

回灌井的数学模型是在下列假设条件下建立起来的：①含水层中水流服从达西定律；②当含水层水头上升引起的水向贮存中注入瞬时完成；③含水层均质、各向同性且侧向无限延伸；④含水层底板是水平的，承压含水层具有稳定的厚度；⑤未经回灌时，潜水面或承压面是水平的；⑥弱含水层中的储水量可忽略不计。潜水含水层，设流动符合裘布依假定，回灌井的稳定注水量为 Q，初始潜水面水位为 H_0，如图 3-1 所示。

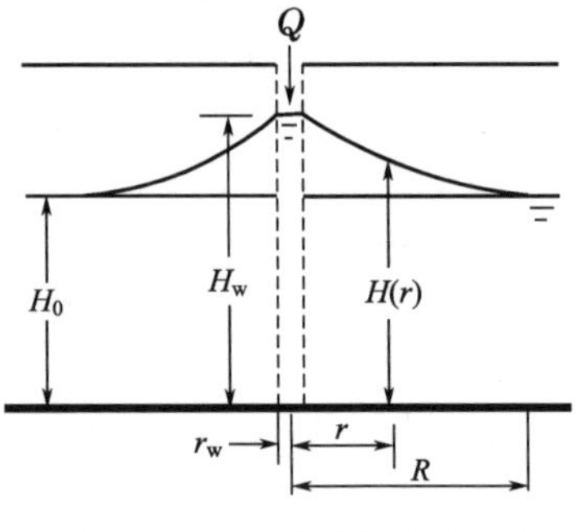

图 3-1　潜水含水层回灌完整井

3.1.1　潜水含水层单井完整井

1. 潜水含水层单井完整井回灌稳定流计算公式

地下水稳定流理论所描绘的是在一定条件下，地下水经过很长时间所达到的一种平衡状态。当地下水开发利用规模与地下水天然补给量相比很小时，可以近似地符合稳定渗流理论。

潜水含水层单井完整井回灌稳定流计算公式：

$$H(r)^2 = H_0^2 + \frac{Q}{\pi k}\ln\left(\frac{R}{r}\right) \tag{3-1}$$

式中　$H(r)$——回灌影响范围内距离回灌井 r 处的水位（m）；

H_0——回灌前含水层中的稳定水位（m）；

k——为渗透系数（m/h）；

r——计算点到井的距离（m）；

R——回灌井影响半径（m）；

Q——回灌井的稳定注水量（m^3/h）。

2.潜水含水层单井完整井回灌非稳定流计算公式

假设流动满足裘布依假定，稳定注水量 Q 作用下潜水完整井的非稳定流公式为：

$$H^2(r,t)-H_0^2=\frac{Q}{2\pi Kh_m}W(u) \tag{3-2}$$

$W(u)$ 为泰斯井函数，$u=\frac{s_y r^2}{4Kh_m t}$，当 u 较小时，$W(u)$ 可近似为 $W(u)\approx-0.5772-\ln u$，代入式（3-2）可得：

$$H(r,t)=\sqrt{H_0^2+\frac{Q}{2\pi Kh_m}\ln\frac{2.25Kh_m t}{r^2 S_y}} \tag{3-3}$$

式中　$H(r,t)$——距离抽水井距离为 r 处 t 时刻的水位（m）；

h_m——饱和含水层平均（初始）厚度（m）；

S_y——潜水含水层的储水系数（无量纲）；

其他符号意义同上。

3.1.2　承压含水层单井完整井

设承压含水层厚度为 M，回灌井的稳定注水量为 Q，初始测压面水位为 H_0，如图3-2所示。

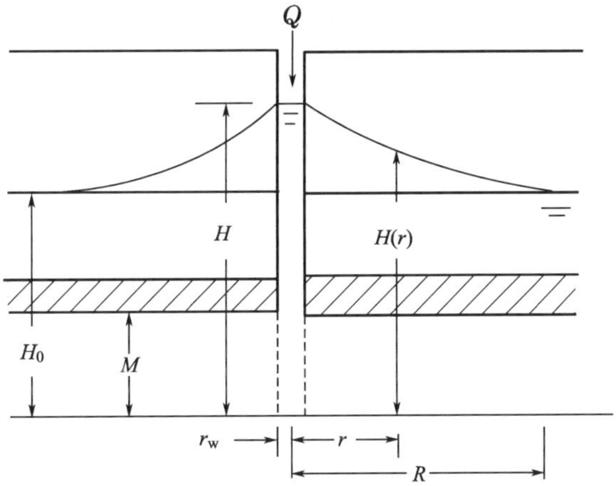

图 3-2　承压含水层回灌完整井

1.承压含水层单井回灌稳定流计算公式

无限含水层中的稳定流是不可能存在的，设有一影响半径 R，在这个距离之外，水位变化可以忽略或观测不到，因此可以把无限含水层想象为有限面积的圆形含水层的情形。在稳定注水量 Q 作用下承压含水层的稳定承压水位为：

$$H(r)=H_0+\frac{Q}{2\pi kM}\ln\left(\frac{R}{r}\right) \tag{3-4}$$

式中　M——承压含水层的厚度（m）；

其他符号意义同上。

2. 承压含水层单井回灌非稳定流计算公式

定流量注水情况下，形成轴对称井流流场，t 时刻回灌影响范围内距离回灌井 r 处的承压水位可用下式计算：

$$H(r,t)=H_0+\frac{Q}{4\pi T}W(u) \tag{3-5}$$

其中 $W(u)$ 为泰斯井函数，$W(u)=\int_u^{\infty}\frac{e^{-x}}{x}\mathrm{d}x$ ，$u=\frac{Sr^2}{4Tt}$，当 u 值较小时（$u<0.01$），可用前两项近似：

$W(u)\approx-0.5772-\ln u$，带入式（3-5）得

$$H(r,t)=H_0+\frac{Q}{4\pi T}\ln\frac{2.25Tt}{r^2S} \tag{3-6}$$

式中　T——导水系数，$T=KM$（$\mathrm{m^2/h}$）；

　　S——承压含水层的储水系数（无量纲）；

其他符号意义同上。

3.1.3　影响半径 R

影响半径 R 处水位的降深或者升高值为零。但是，在无限含水层中，不可能产生稳定流，因此 R 应该看作这样一个参数，表示在这个距离之外，水位降深或者升高可以忽略或观测不到。通常这个参数要用以往的参数加以估算，因为 R 在公式中是以 $\ln R$ 的形式出现，因此估算 R 时即使有较大的误差，也不会对计算出来的降深或升高值有很大的影响。

估算影响半径的经验半经验公式有：

$$R=\left(\frac{2.25Tt}{S}\right)^{\frac{1}{2}}=1.5\sim4.3\left(\frac{Tt}{S}\right)^{\frac{1}{2}} \tag{3-7}$$

$$R=\left(\frac{2.25Kh_{\mathrm{m}}t}{S_{\mathrm{y}}}\right)^{\frac{1}{2}}=1.5\sim4.3\left(\frac{Kh_{\mathrm{m}}t}{S_{\mathrm{y}}}\right)^{\frac{1}{2}} \tag{3-8}$$

$$R=575s_{\mathrm{w}}(HK)^{\frac{1}{2}} \tag{3-9}$$

$$R=3000s_{\mathrm{w}}K^{\frac{1}{2}} \tag{3-10}$$

式中　s_{w}——抽水井内降深或升高值（m）；

　　H——潜水含水层中为饱和层的初始厚度 H_0，承压含水层中为含水层厚度 M（m）；

　　K——含水层的渗透系数（m/h）；

　　T——导水系数，$T=KM$（$\mathrm{m^2/h}$）；

　　S_{y}——潜水含水层的储水系数（无量纲）；

　　S——承压含水层的储水系数（无量纲）。

3.2　多个回灌井水位计算

在地下水的抽水与回灌中，往往是多个抽水井或回灌井共同工作。如果井和井的距离

小于它们的影响半径，那么他们的水位变化或抽注水量就会相互影响。在单井注水理论的基础上，运用水流叠加原理，得到多井回灌工况下的稳定流和非稳定流计算公式。

水流叠加原理：假定 $\varphi_1=\varphi_1(x, y, z, t)$ 和 $\varphi_1=\varphi_2(x, y, z, t)$ 是齐次线性偏微分方程 $L(\varphi)=$ 的两个通解（L 表示一线性算子），那么他们的任意线性组合 $\varphi=C_1\varphi_1+C_2\varphi_2$ 也是 $L(\varphi)=0$ 的一个解。式中 C_1 和 C_2 为常数，在各种情况下，这些常数要根据 φ 所满足的给定边界条件来确定。

水流叠加原理适用于大多数地下水流问题。潜水含水层的稳定流，由于采用裘布依假定，用 h^2 表示的偏微方程是线性的，因此对 h^2 可用叠加原理；潜水含水层的非稳定流，用 h 表示的偏微方程是非线性的，但是若采用线性化方法后，用 h^2 表示的偏微方程是线性的，就可以采用叠加原理；承压含水层的水流连续性方程都属于线性方程，因此可以应用水流叠加原理。

3.3.1 潜水含水层多井回灌计算公式

1. 潜水含水层多井回灌稳定流计算公式

设水流符合裘布依假设，设有 N 个井同时回灌，按照水流叠加原理，则有：

$$H_i^2=H_0^2+\sum_{j=1}^{N}\frac{Q_j}{\pi K}\ln\frac{R_j}{r_{ij}} \tag{3-11}$$

若 N 口井注水量相同，都为 Q，都有相同的影响半径 R，则上式可以写为：

$$H_i^2=H_0^2+\frac{NQ}{\pi K}\left[\ln R-\frac{1}{N}\sum_{j=1}^{N}\ln r_{ij}\right] \tag{3-12}$$

式中 H_i——计算点 i 的水位高度（m）；

Q_j——第 j 口井的注水量（m^3/h）；

R_j——第 j 口井的影响半径（m）；

r_{ij}——第 j 口井到计算点 i 的距离（m）。

2. 潜水含水层多井回灌非稳定流计算公式

对于潜水含水层，采用裘布依水平流动的假设，单井回灌非稳定流公式为 $H^2(r,t)-H_0^2=\frac{Q}{2\pi Kh_m}W(u)$，线性化后，采用水流叠加原理，则 N 口井同时注水，在观测点 P_i 的水位 $H(P_i, t)$ 为：

$$H^2(P_i,t)=H_0^2+\frac{1}{2\pi Kh_m}\sum_{j=1}^{N}Q_jW(u_j) \tag{3-13}$$

其中，$u_j=\frac{S_y r_{ij}^2}{4Kh_m t}$，当 u 值较小时（$u<0.01$），可用前两项近似 $W(u)\approx-0.5772-\ln u$，其他符号同上。

3.3.2 承压含水层多井回灌计算公式

1. 承压含水层多井回灌稳定流计算公式

设承压含水层厚度为 M，回灌井的稳定注水量为 Q，初始测压面水位为 H_0，则根据水流叠加原理，N 个回灌井同时工作，无限承压含水层中的稳定流公式为

$$H_i = H_0 + \sum_{j=1}^{N} \frac{Q_j}{2\pi T} \ln \frac{R_j}{r_{ij}} \tag{3-14}$$

式中　H_i——计算点的水位高度（m）；

Q_j——第 j 口井的注水量（m^3/h）；

R_j——第 j 口井的影响半径（m）；

r_{ij}——第 j 口井到计算点的距离（m）。

若 N 口井注水量相同，都为 Q，都有相同的影响半径 R，则上式可以写为：

$$H_i - H_0 = \frac{NQ}{2\pi T}\left(\ln R - \frac{1}{N}\sum_{j=1}^{N} \ln r_{ij}\right) \tag{3-15}$$

2. 承压含水层多井回灌非稳定流计算公式

根据水流叠加原理，N 个回灌井同时工作，在 P_i 点产生的承压水位 H（P_i，t）值为

$$H(P_i, t) = H_0(P_i) + \frac{1}{4\pi T}\sum_{j=1}^{N} Q_j W(u_j) \tag{3-16}$$

其中，$u_j = \frac{s r_{ij}^2}{4Tt}$，当 u 值较小时（$u<0.01$），可用前两项近似 $W(u) \approx -0.5772 - \ln u$

3.3　抽水回灌相结合水位计算

在工程当中，在一个区域内，往往同时布设抽水井和回灌井。水流叠加原理同样可以应用于计算抽水和回灌同时作用下地下水位的变化。

假设有一个无限均质各向同性的承压含水层，初始测压面水位为 H_0，有一个流量为 Q_w 的抽水完整井和一个流量为 Q 的回灌完整井，两者相距 L，设两者影响半径均为 R。则在两者影响范围内的地下水位的变化受两井共同影响，其影响效果可用叠加原理推求。

设 P 为两井影响范围内的一个观测井，P 点距离抽水井的径向距离为 r'，距离回灌井的距离为 r''。抽水井抽水在 P 点引起水位下降值为：

$$s(r') = H_0 - H(r') = \frac{Q_w}{2\pi T}\ln\frac{R}{r'} \tag{3-17}$$

回灌井回灌在 P 点引起的水位升高值为：

$$s(r'') = H(r'') - H_0 = \frac{Q}{2\pi T}\ln\frac{R}{r''} \tag{3-18}$$

由水流叠加原理知，在抽注水共同作用下，P 点的水位可以用下式表示：

$$H = H_0 + [s(r'') - s(r')] = H_0 + \frac{Q}{2\pi T}\ln\frac{R}{r''} - \frac{Q_w}{2\pi T}\ln\frac{R}{r'} = H_0 + \frac{1}{2\pi T}\left(Q\ln\frac{R}{r''} - Q_w\ln\frac{R}{r'}\right) \tag{3-19}$$

由式（3-19），可以计算出两井影响范围内任意一点的水位值。

同理，如果在该区域内有 n 个抽水井和 m 个回灌井同时工作，抽水井距离 P 点的径向距离分别是 r'_1，r'_2，r'_3，$\cdots r'_n$，回灌井距离 P 点的径向距离分别为 r''_1，r''_2，r''_3，$\cdots r''_m$，则在 P 点水位值可用下式计算：

$$H = H_0 + \left[\sum_{i}^{m} s(r''_i) - \sum_{j}^{m} s(r'_j)\right] = H_0 + \frac{1}{2\pi T}\left(\sum_{i=1}^{m} Q\ln\frac{R}{r''_i} - \sum_{j=1}^{n} Q_w\ln\frac{R}{r'_j}\right) \tag{3-20}$$

在地下水其他工况下，抽水回灌相结合水位变化可以仿此方法进行计算。

3.4 边界附近的回灌井

在自然当中，面积分布很广的无限含水层是很少见的。通常地质构造分布的不连续性限制了每个含水层的分布。靠近基坑或其他连续分布结构附近的回灌井，也受结构边界的影响。

含水层边界比较常见的类型是隔水边界和等水头边界，在一定条件下，弯曲的边界可以用平面或直线边界来近似。“映像法”可以用来处理直线边界附近的井的问题。

映像法原理：真实受边界约束的流场可以用具有较简单边界条件的虚拟场来代替，虚拟井位于虚拟区域，真实水流区域内由于实井所产生的水流形式和由于实井和虚井系统在同一区域内产生的水流形式相同。

3.4.1 隔水边界回灌井的映像模型

在隔水边界附近或有较长的隔水边界的地下工程（如基坑、隧道、地铁等）附近，有一回灌井，假设该井位于半无限含水层 $x>0$ 的（x，0）点，该井以恒定流量 Q 进行注水。

直线 $x=0$ 是一条隔水边界。设位于（$-x$，0）处有一虚拟井，该井以恒定流量 Q 进行注水。虚拟的含水层为一无限含水层，真实井和虚拟井共同做用在边界 $x=0$ 处形成零流量边界。因此，半无限含水层中的一口注水井可以用虚拟无限含水层中的两口注水井代替。如图 3-3 所示。

按照叠加原理，在实际区域 $x>0$ 中，任意观测点 $P(x，y)$ 观测到的水位变化值，是由整个虚拟场中同时工作的两口井产生的水位变化叠加。设 P 点距离回灌井的距离为 r，距离虚拟井的距离为 r'，回灌井的回灌水量为 Q，P 点。

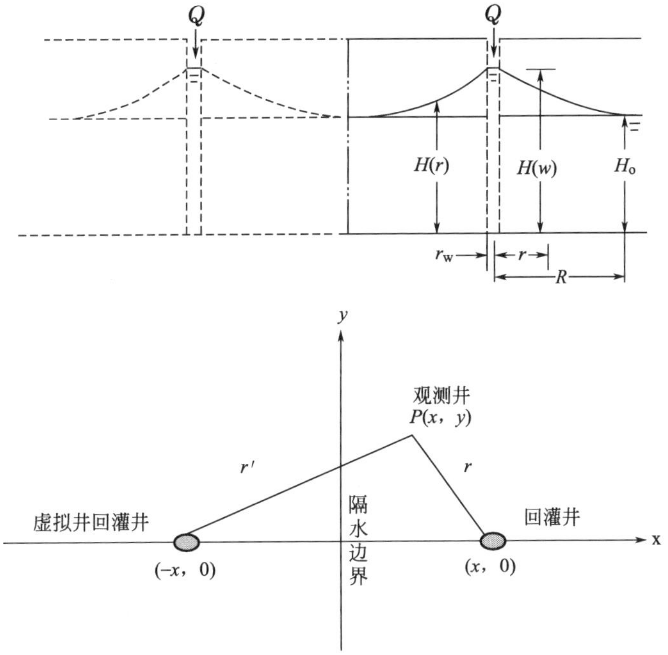

图 3-3　不透水边界的回灌井的映像模型

1. 潜水含水层稳定流计算公式

$$H(r)^2=H_0^2+\frac{Q}{\pi k}\ln\frac{R^2}{rr'} \tag{3-21}$$

式中 $H(r)$——回灌影响范围内距离回灌井 r 处的水位（m）；

H_0——回灌前含水层中的稳定水位（m）；

Q——回灌井的回灌量（m^3/h）；

k——含水层的渗透系数（m/h）；

r'——计算点到虚拟回灌井的距离（m）；

r——计算点到回灌井的距离（m）；

R——回灌井影响半径（m）。

2. 潜水含水层非稳定流计算公式

$$H^2(r,t)=H_0^2+\frac{Q}{2\pi K h_m}\left[W\left(\frac{S_y r^2}{4Kh_m t}\right)+W\left(\frac{S_y r'^2}{4Kh_m t}\right)\right] \tag{3-22}$$

式中 h_m——饱和含水层平均（初始）厚度（m）；

S_y——潜水含水层的储水系数（无量纲）；

其他符号意义同上。

3. 承压含水层稳定流计算公式

$$H(r)=H_0+\frac{Q}{2\pi T}\ln\frac{R^2}{rr'} \tag{3-23}$$

4. 承压含水层非稳定流计算公式

$$H(r,t)=H_0+\frac{Q}{4\pi T}\left[W\left(\frac{Sr^2}{4Tt}\right)+W\left(\frac{Sr'^2}{4Tt}\right)\right] \tag{3-24}$$

式中 S——承压含水层的储水系数（无量纲）；

T——导水系数，$T=KM$（m^2/h）。

3.4.2 定水头边界回灌井的映像模型

对于定水头边界，回灌井的映像模型是一具有相同强度的抽水井。

设位于半无限含水层 $x>0$ 的（x，0）点有一回灌井，该井以恒定流量 Q 进行注水。直线 $x=0$ 是一条等水头边界。设位于（$-x$，0）处有一虚拟井，该井以恒定流量 Q 进行抽水。虚拟的含水层为一无限含水层，真实井和虚拟井共同做用在边界 $x=0$ 处形成等水头边界。

按照叠加原理，在实际水流区域内任意点 P（x，y）水位变化，由虚拟场中同时工作的两口井产生的水位变化总和组成。由此得 P 点的水位值为：

1. 潜水含水层稳定流计算公式

$$H(r)^2=H_0^2+\frac{Q}{\pi k}\ln\frac{r'}{r} \tag{3-25}$$

2. 潜水含水层非稳定流计算公式

$$H^2(r,t)=H_0^2+\frac{Q}{2\pi K h_m}\left[W\left(\frac{S_y r^2}{4Kh_m t}\right)-W\left(\frac{S_y r'^2}{4Kh_m t}\right)\right] \tag{3-26}$$

3. 承压含水层稳定流计算公式

$$H(r)=H_0+\frac{Q}{2\pi T}\ln\frac{r'}{r} \tag{3-27}$$

4. 承压含水层非稳定流计算公式

$$H(r,t)=H_0+\frac{Q}{4\pi T}\left[W\left(\frac{Sr^2}{4Tt}\right)-W\left(\frac{Sr'^2}{4Tt}\right)\right] \tag{3-28}$$

式中符号意义同上。

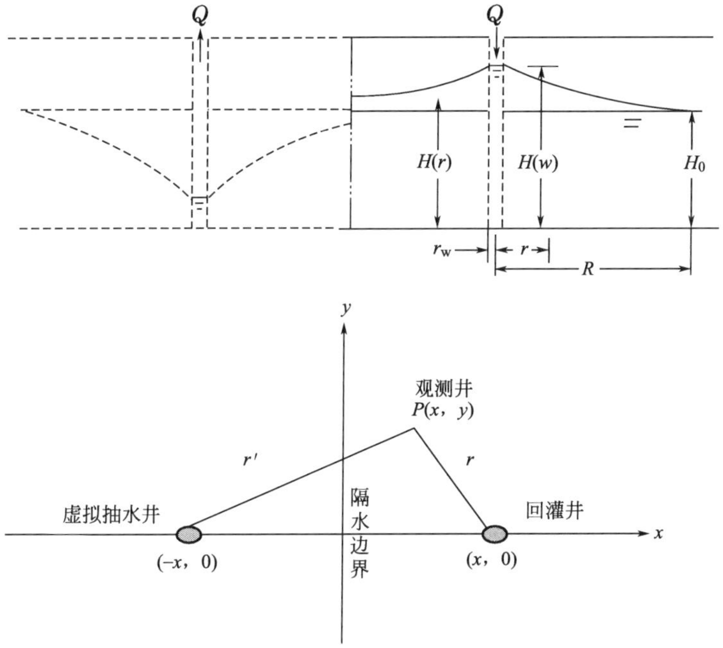

图 3-4　定水头边界的回灌井的映像模型

地下水回灌是个复杂的工程问题，影响因素众多。复杂的边界条件，地层的不均匀性，渗透系数的各向异性，回灌土层的埋深、土的颗粒组成和级配情况，地下水的承压性能，以及回灌水的质量、回灌压力和方式等都影响回灌水位的变化。以上回灌公式是不考虑淤堵和回灌效率低等情况下推导出来的，仅供地下工程回灌设计参考。

3.5　本章小结

本章基于水文地质学基本假设与理论，对济南地区基坑单井回灌与群井回灌工程中，回灌井水位与水量的关系进行推导，并考虑边界效应对回灌井的影响，为济南地区基坑降水回灌工程提供理论指导。

参 考 文 献

[1]　雅贝尔著，许涓铭等译. 地下水水力学 [M]. 北京：地质出版社，1985.

[2]　郑刚等. 天津首例基坑工程承压含水层回灌实测研究 [J]. 岩土工程学报，2013，35 (增刊 2)：491-495.

[3]　王新娟等. 北京西郊地区大口井人工回灌的模拟研究 [J]. 水文地质工程地质，2005，32 (1)：

70-72.
[4] 陆建生等. 紧邻地铁深基坑地下水抽灌一体化设计实践［J］. 地下空间与工程学报，2015，11（1）：251-258.
[5] 俞建霖，龚晓南. 基坑工程地下水回灌系统的设计与应用技术研究［J］. 建筑结构学报，2001，22（5）：70-74.
[6] 何满潮等. 地热单井回灌渗流场理论研究［J］. 太阳能学报，2003 年，24（2）：197-201.
[7] 李旺林等. 承压-潜水含水层完整反滤回灌井的稳定流计算［J］. 工程勘察，2006（5）：27-30.
[8] 陈崇希，林敏. 地下水动力学［M］. 北京，中国地质大学出版社，1999.
[9] Van Poolen，H. K.. Radius of drainage and stabilization time equation［J］. Oil and Gas，1964. 138-146.
[10] Chertousov，M. M.. Hydraulics（in Russian）. Gosenergouzdat，Miscow，630pp.，1962.
[11] 何满朝. 地下热水回灌过程中渗透系数研究［J］. 吉林大学学报（地球科学版），2002，32（4）：375-377.
[12] Muskat，. M.，The Flow of Homegeneous Fluids Through Porous Media. McGraw-Hill，New York，763pp. 1937.
[13] 冶雪艳等. 工程降水中人工回灌综合技术［J］. 世界地质，2011 年，30（1）：90-96.

第 4 章　济南地区回灌适宜性分区

济南是著名的泉城，在基坑工程建设过程中为保护济南的地下水资源，当地政府要求用回灌的方式消除基坑降水产生的不均匀沉降与地下水资源浪费。为研究济南市深基坑降水回灌的适宜性，首先从回灌区域的水文地质条件、地质条件和社会与经济效益三个方面梳理济南市回灌适宜性的影响因素，并基于层次分析法研究各影响因素的权重。此外根据含水层渗透系数、含水层厚度、砂卵石层厚度、地下水位埋深、含水层承压性、泉水敏感性、土层压缩模量、周边重要建筑物与回灌水质九个因素的权重大小，结合济南市不同区域的实际情况，将济南市划分为优良回灌区、适宜回灌区、基本适宜回灌区和不适宜回灌区四个区域，并将各区域范围划分在济南市地图上，指导实际基坑工程回灌设计。

4.1　引言

济南市地下水资源极其丰富且地下水位普遍较高，这给基坑工程施工带来很大影响。因此在基坑施工过程中常采用降低基坑内地下水位至开挖面以下的方式以保证施工安全。但随着基坑周围地下水位的降低，周围地基中原水位以下土体的有效自重应力增加，导致地基土体固结，造成周围地面和建（构）筑物产生不均匀沉降，且极大浪费水资源，容易造成地下水资源渐渐枯竭[1,2]。为了消除基坑降水对周围环境的影响以及带来的水资源严重浪费的情况，近年来多采用回灌法来消除此类危害。回灌法以其经济、简便、可行的特点优于其他方法。该法借助于工程措施，将水引渗于地下含水层，补给地下水，从而稳定和抬高局部因基坑降水而引起的地下水位降低，防止由于地下水位降低而产生不均匀沉降[3-5]。回灌法的主要目的如下[6]：①补充地下水资源，增加地下水可开采资源量和地下水资源的储备量；②利用地下水库，调节地表径流时空分布；③稳定地下水位，缓解、控制或修复由地下水过度开采所导致的环境负效应；④通过注入优质水源，改善含水层原生水质或修复受污染地段的地下水环境；⑤蓄能，冬储夏采或夏储冬采，利用地下水温度，为工厂提供冷、热源。回灌法的工作原理决定了它只能适用于渗透性较好的填土、粉性土、砂性土、碎石土等地基。

由于不同的地域及其地质条件采用不同的回灌方法与回灌设计方案，故目前回灌法并没有国家规范。济南市又是一个地质条件极其复杂，地下水资源又极其丰富的城市，因此给基坑工程建设带来极大困难与挑战。为更好地设计济南市的回灌方案与提高回灌效果，采用包括济南地形地貌与地质条件分析、现场实物钻探（工程地质钻探、水文地质钻探）、地球物理勘探（地质雷达、微动探测、波速测试、原位测试）、现场试验（现场抽水试验、示踪试验、水位统测）、数值模拟与三维成像等多尺度、大数据手段与方法，通过层次分析法确定回灌适宜性的评价指标与其权重值，进而得出济南的回灌适宜性分区。该研究具有极大的社会效益与经济效益，同时给基坑工程降水与回灌方案设计提供指导性意义。

4.2 回灌方式概述

回灌法分为天然回灌法和人工回灌法，其中以人工回灌法为主，回灌方法的选择主要取决于进行回灌的目的、当地的自然地理及水文地质条件[7,8]。

4.2.1 天然回灌法

天然回灌技术简单易行，是指利用已有的河道、湖泊、水库、沟渠、甚至农田等，依靠其天然渗漏性质回灌地下潜水层，达到补给地下水的目的。此时，水库、水渠的渗漏损失以及农田大水漫灌时下渗损失等，则成为地下水的补给量。

天然回灌的方式大致有以下几种：

（1）利用干枯的河床、渠道及骨干排水系统引水、蓄水，利用其自然渗透能力补给地下水。

（2）利用自然冲沟、洼地建设塘堰和平原水库，改造平原区的各种坑塘，使之与引水渠联结起来，通过这些设施蓄水透补给地下水。

（3）利用古河道沙地淹灌、耕地休闲期淹灌以及耕地作物生长期大定额淹灌，增加渗透量。

各地由于地形、地质、土壤、水源以及工程设施现状等诸多条件的差异，以上措施并非对一切地方适用，而且每种措施在不同条件下的作用效果也会有所差别。因此，具体实施时不能生搬硬套，可根据当地条件选择采用。

4.2.2 人工回灌法

人工回灌法又称人工补给或人工回注，是指为了某种目的采用一定的工程设施将水引入地下水含水层，增加地下水资源量的过程。人工回灌按回灌的方法分可分为人工地表回灌和人工地下回灌。

人工地表回灌是在透水性较好的土层上建设绿地或城市湖泊、水库、坑塘等，利用水的自重回灌地下。人工地下回灌主要是在地面打井，将回灌水直接注入地下，通过井孔向地下注水，用于补充承压层或埋藏较深的潜水层。

1.绿地直接回灌

绿地直接回灌是利用城市绿地土壤孔隙率大、下渗率大的特点，将雨水或处理后的污水渗入地下、补充地下水的方式。这种方法可以结合城市公园、小区绿地、道路旁绿地建设实施，具有投资小，见效快，易掌握，易推广，绿地越平坦，入渗效果越显著的特点。

当采用低草坪绿地时，在小区内立面设计中，可将绿地略低于两边地面或道路路面（草坪低于路面0.1～0.2m），绿地及周围汇水面积就可视作一个小的产流区域，绿地除拦蓄其自身范围降水外，还可以容蓄绿地外汇流区域的地表径流，并且由于水能够在草坪上停留较长时间，入渗地下的水量更大，从而取得最佳拦蓄汛期降雨、回补地下的效果。蓄渗效果可以根据绿地产流方式进行局部范围的产、汇流计算，除去植物吸收和蒸发部分其余的即为下渗部分及产流部分，产流可按蓄满产流或超渗产流等模型计算。

为了增加绿地入渗补充地下水量，除采用低草坪外，也可采用对绿化植物根部培土，行与行之间形成垄沟，绿地两头每条垄沟里，各设两条小土埂，小土埂顶略低于垄顶，可以起到垄沟蓄水、提高回灌率的目的，对于降雨，则可有效控制超渗产流量。如果降雨量大于上述情况，雨水可自然地从土埂顶部溢出，流入排水沟，不会给绿地造成沥涝。当然，在绿地规划建设时应选用具有耐淹能力的植物。实际上，当前城市草坪绝大多数草种均具有耐淹能力，不致因灌水量过大或遇暴雨影响植物生长以致破坏景观。

2.城市水体渗漏回灌

城市普遍存在池塘、湖泊等水体，此类水体可能是天然的或人工的贮水体。一般情况下，这些水体在雨季时充蓄其汇流范围内的降雨径流，无雨时充蓄的水量则被蒸发，或渗入地下，或被置换。可以利用其渗漏的特点，授其作为回补地下水的设施，利用雨季充蓄雨水使其尽可能多地渗入地下回补地下水，无雨时将处理后的城市污水引入城市水体，渗漏回补地下。这种回灌地下水的方式具有如下特点：城市水体分布普遍，有一定的容积，便于实施；使用维护简便，不另占耕地，还可以开展水面养殖，相对来说具有较好的经济性。

城市水体渗漏回灌地下水的历程可以归纳为湿润底土、自由渗流和顶托渗流三个阶段。湿润底土阶段历时短，入渗率相当高，一段时间后，渗透强度渐趋稳定。渗透强度与城市水体的水位、来水量存在一定的关系。当水体底土层逐渐湿润，渗漏水到达地下水面之后，地下水得到补充而缓缓抬升，形成水丘，入渗进入自由流渗阶段。该阶段以垂直入渗为主，伴随水丘的形成，地下水以侧渗的方式向四周扩散，当水丘上升至与水体底部相连时自由渗流结束，开始进入顶托渗流阶段。进入顶托阶段以后，入渗速率主要决定于水丘向四周扩散的速率，水丘逐渐扩散，坡度逐渐变缓，渗流量缓缓减小，并渐趋稳定。在水体下渗补给地下水过程中水面蒸发损失居于很次要的地位。渗透包括水平浸润速率，除与其土质特性有关外，与水体深度也有密切关系。有关研究表明，水深对渗透速率起主导作用。

为加速渗透，可在城市水体内增建竖井，竖井系指在水体底部掘井连通砂层，竖井内可回填粗砂、石、炉渣等，既可以防止竖井壁坍塌同时也起到了过滤作用。由于竖井将城市水体和地下含水层通过良好的渗水通道连接起来，对提高单位渗透能力和增大水体的下渗能力起到了显著作用，具有重大意义，因而是一种较为理想的引渗方式。城市绿地回灌和水体回灌结构简单，成本低廉，但由于其要求较大的容水量和较大的入渗面积，因而占地面积大，回灌历时长，需水容量大，适合于在绿化度较好公园、绿地面积较大及城市湖泊、池塘等城市因地制宜地开展。

3.井孔回灌

井孔回灌是补给水源通过钻孔、大口径井或坑道直接注入含水层中的一种方法。井孔回灌的主要优点是：不受地形条件限制，也不受地面厚层弱透水层分布和地下水位埋深等条件的限制。此外，占地少，水量浪费少，不易受地面气候变化等因素影响。缺点是由于水量集中注入，井及其附近含水层中流速较大，井管和含水层易被阻塞，且对水质要求较高，需专门的水处理设备、输配水系统和加压系统，工程投资和运转时管理费用较高。井孔回灌主要适合于因地面弱透水层较厚或地面场地限制不能修建地面入渗工程的地区，特别适合于用来补给承压含水层或埋藏较深的潜水含水层。井孔回灌又包括无压回灌和加压回灌两种方式。

（1）无压回灌，又称自流回灌，是指将回灌水引入回灌井中，抬高井内水位，利用井内水位与含水层水位水头差，渗流补给地下水。这种方式要求含水层必须具有较好的透水性能，以保证注入水的传导；同时要求井中回灌后水位与天然水位有较大的水头差，以加速回灌水源的扩散。这种方法投资少，但效率比较低。

(2) 加压回灌：又称正压回灌、有压回灌，主要适用于地下水位相对较高，渗透性相对较差的含水层，需把井管密封起来，使水不能从井口溢出，并用机械动力设备加压，以增加回灌水的水头压力，使回灌水与静止水位之间产生较大的水头差而进行回灌。当含水层的透水性比较稳定，各个回灌井的滤水管过水断面一定，管井结构相似时，回灌量与压力成正比，但压力增加到一定数值时，回灌量就几乎不再增加了。另外，由于压力较大，这种方法要求水井滤网要有较高的强度，一味地增加压力，超过滤网的使用强度时，会损坏井。因此回灌的最佳压力要根据含水层的性质与滤网的强度综合考虑。

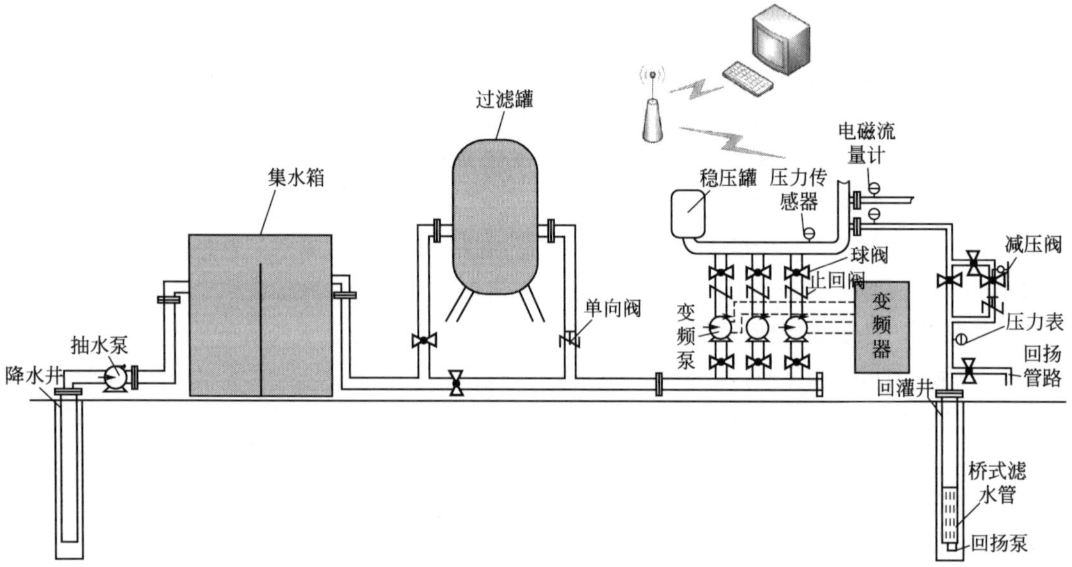

图 4-1　井孔回灌设备示意图

管井注入法的主要问题是堵塞问题，按其性质可分为物理堵塞、化学堵塞和生物化学堵塞三大类。物理堵塞是由于补给水源中悬浮物（包括气泡、泥质、胶体物、各种有机物）充填于滤网和砂层孔隙中所造成的堵塞。当回灌装置密封不严时，大量空气随回灌水流入含水层中，也可能产生堵塞（亦称气相堵塞），主要是采用定期回扬抽水方法进行处理（对于气相堵塞还应及时密封回灌装置）。生物化学堵塞，特别是铁细菌和硫酸还原菌所造成的堵塞，是许多地区回灌井堵塞的主要原因，主要是采用注酸方法进行洗井处理。

井孔回灌是地下水人工补给的传统方法之一，它的主要特点是，能将回灌水流直接导向含水层，回灌效率较高，且占地面积小。故这种方法适用于以下情况：

(1) 地表土层渗透性较差，地表回灌效果较差，或砂砾层埋藏浅，容易打大口井揭穿上部透水性较差的覆盖层，向砂砾含水层注水。

(2) 地下水承压水层因开采过度而压力水头大幅度下降，为维持承压含水层水压力稳定，只能通过井孔向深部承压含水层注水补给。

(3) 地价昂贵，没有大片的土地实施地表蓄水回灌。

(4) 对现有的两用井、渗井等加以充分利用或在地下水库所在位置扩建回灌井、渗井等设施，提高补充地下水的效果，防止地质环境的恶化。

井孔回灌需要确定回灌井点的深度、布置、回灌水量等。通常情况下，单井回灌量少，当需要大量补充地下水时，通常采用大量的深机井，即井群回灌，由此需要输水渠道有足够的输水能力；需要组织管理好一大批机井的回灌工作，如定期回扬，组织观测网络等；还需要在每个机井上增添一些简易设施，如过滤设施，回灌管道等。

4.砖井回灌

我国大部分地区存在着大量被遗弃的砖井，这些砖井大部分深度仅十余米，地下水位下降以后由于水太浅或干涸而无法使用，可以作为回灌井。利用砖井回灌地下水相当于废物利用或一井两用，而且具有占地面积小的突出优点。虽然砖井贮水容积小，但静压水头相对较大，而且多年使用后的砖井具有良好的渗透性能，其入渗率与水头的相互关系属指数函数，单位（水面）面积的入渗率远非城市水体回灌所能比拟。因此，利用废弃砖井回灌，引渗效果明显，投资省，维护便易，便于推广。

5.水廊回灌

在城市水体渗漏与砖井两种类型回灌设施的启示下，地下水廊回灌应运而生。在地下开挖廊道，称为水廊，水廊埋深坐落于粗砂层，侧壁由花孔砖墙构成，上顶由混凝土拱圈衬护。廊道底部铺设砾石微孔板，引灌水经过滤池后，通过管道进入廊道，然后由孔缝渗入粗砂层。

4.3 济南市地下储水空间的特征分析

4.3.1 济南市地形地貌概况

济南市位于北纬 36°40′，东经 117°00′，南依泰山，北跨黄河，处于鲁中山地与鲁北平原的过渡地带，市区西北部为黄河与山前冲洪积平原，南部为山地，地势南高北低，呈东西带状狭长分布。地层由老到新依次出露有太古界泰山岩群；古生界寒武系、奥陶系、石炭系及二叠系；新生界第三系及第四系。其中奥陶系碳酸盐岩分布于济南市的中南部，总厚度近 1000m，是济南泉域主要含水岩组，四系分布广泛，主要分布在山前倾斜平原、北部黄河冲击平原地带（图 4-2）。

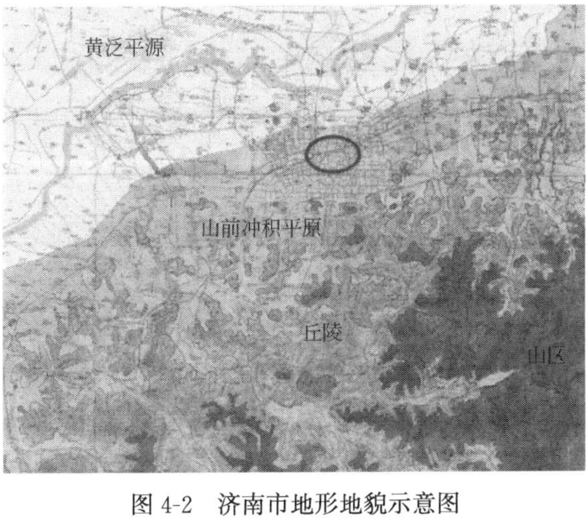

图 4-2　济南市地形地貌示意图

4.3.2 济南市地质分区

济南市区工程地质主要分五种岩土体结构类型。Ⅰ区为第四系土体单元结构，主要分布在主城区西北部、东北部。第四系揭露最大厚度为60m，主要为填土、粉质黏土，局部分布有黄土、细中砂、黏土、粉土、碎石。西北部京沪高铁附近存在一层较厚黄土层，厚度为8～15m，最厚可达26m，顶板埋深约0～3m。Ⅱ区：灰岩岩体单元结构，主要分布在主城区东南部灰岩裸露区。主要岩性为泥质灰岩、豹皮灰岩、白云质灰岩、大理岩、角砾岩等。岩石大部分比较完整，风化程度多为中风化或微风化，一般顶部灰岩溶蚀裂隙发育，有少量溶洞发育。Ⅲ区：第四系土体＋灰岩双元结构，主要分布在主城区西南部和中东部。第四系主要为填土、粉质黏土，局部分布有厚度为2～10m的碎石层和厚度为9～13m的胶结砾岩。石灰岩埋深普遍较浅，一般10m以内，整体由东向西逐渐变深。本区灰岩裂隙普遍较发育，岩芯溶孔、溶洞较发育等，揭露最大溶洞直径达7.5m，有少量黏性土充填。Ⅳ区：第四系土体＋辉长岩双元结构，主要分布在主城区中北部。第四系揭露最大厚度为60m，主要为填土、粉质黏土、碎石，局部分布有细中砂、粉土。局部存在厚度为4～10m的碎石层和厚度为2～5m。的淤泥层。辉长岩是第四系沉积基地，埋深由南往北逐渐增加，上部有厚度为3～20m的风化层。Ⅴ区：第四系土体＋辉长岩＋灰岩组合的多元结构类型，分布在泉水出露区，也即济南市核心区。第四系厚度6～18m，主要为填土层、粉质黏土、碎石、黏土、残积土。由于受千佛山断裂和文化桥断裂的控制，该区灰岩地层相对抬高，因此辉长岩厚度较薄，在趵突泉—黑虎泉一带10m左右，泉城路一带30m左右，上部普遍存在一层厚度5～25m的风化层。在趵突泉、黑虎泉周边地带及泺源大街、泉城路等局部地带分布奥陶系灰岩天窗，地下水穿过岩溶裂隙，在天窗处喷涌而出，形成天然泉水，济南地区地下水系统及断层如图4-3所示。

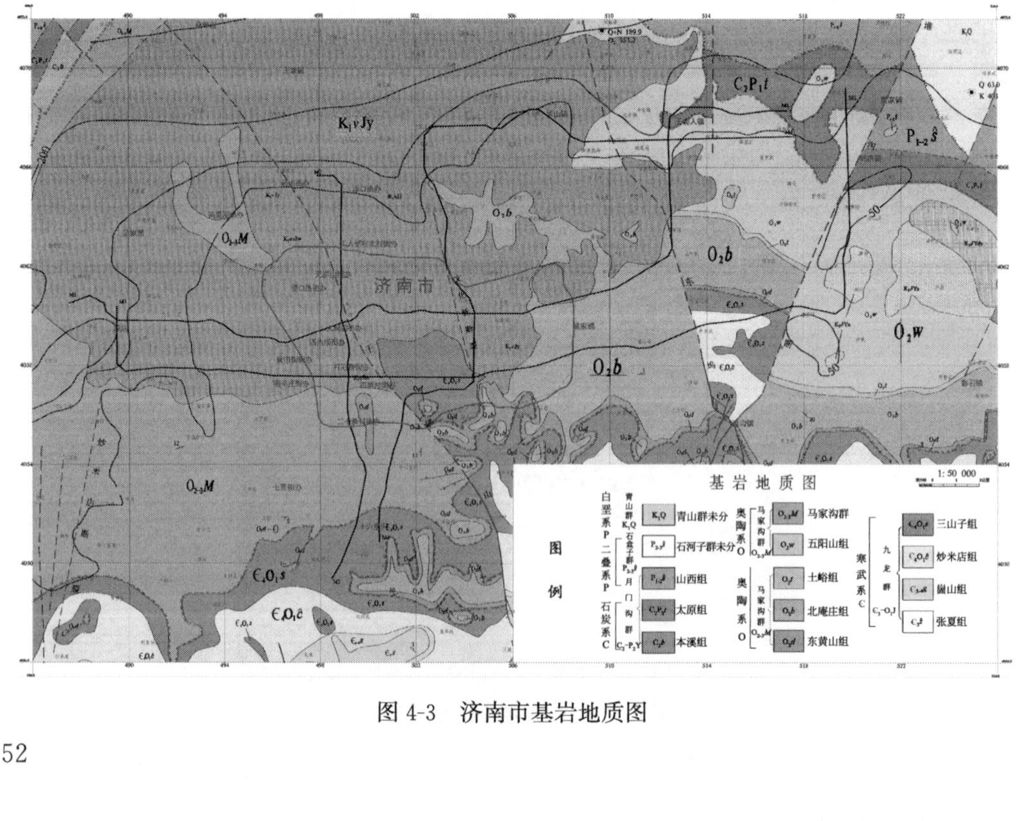

图4-3 济南市基岩地质图

4.3.3 济南市的泉水成因

济南南部边界长城岭是一条东西横亘绵延百余里的山脉，从长清大峰山、界首，到历城的药乡森林公园、梯子山，到章丘七星台、到莱芜鹿野、上游、茶叶口等地，皆由花岗片麻岩组成，此种岩石不透水。长城岭以南大汶河流域、泰莱肥平原地表水、地下水，以及河南省王屋山的地表水、地下水，最终都排入黄河。

济南泉水源于市区南部山区，大气降水渗漏地下，顺沉积岩层倾斜方向北流，至城区遇到岩浆侵入体阻挡，承压水出露地表，形成泉水。其中，就地貌条件而言，济南南部山区为泰山北麓，自南而北有中山、低山、丘陵，至市区变为山区和平原的交接地带，相对高差达500多米，河道比降1‰～3‰，这种南高北低、坡度平缓的地势，有利于地表水和地下水向城区源源不绝的汇集。就地质构造而言，南部山区属泰山隆起北翼，为一平缓的单斜构造，其基底为变质岩，上面累积有1000多米厚的寒武系和奥陶系石灰岩等沉积岩层。岩层以3°～15°倾角向北倾斜，至市区埋没于第四系土层之下。由于断层切割，形成许多断块，其中千佛山断层与东梧断层之间的断块和千佛山断层与马山断层之间的断块，共同构成济南城区泉群及泉域。断层破碎带导水性强，泉群依断层而存在。

大片石灰岩出露和裂隙岩溶发育的地方，吸收了大量的大气降水和地表径流，渗入地下形成了丰富的裂隙岩溶水。这些岩溶裂隙水，受不透水变质岩的阻隔，沿岩层倾斜的方向，向北作水平运动，形成地下潜流，至城区遇到火成岩岩体的阻挡和断层某一侧的堵截，地下潜流大量汇聚，并由水平运动变为垂直向上运动；在强大的静水压力下，地下水穿过岩溶裂隙，在灰岩和火成岩体的接触带及第四系沉积层较薄弱处夺地而出，涌出地表，形成天然泉群。

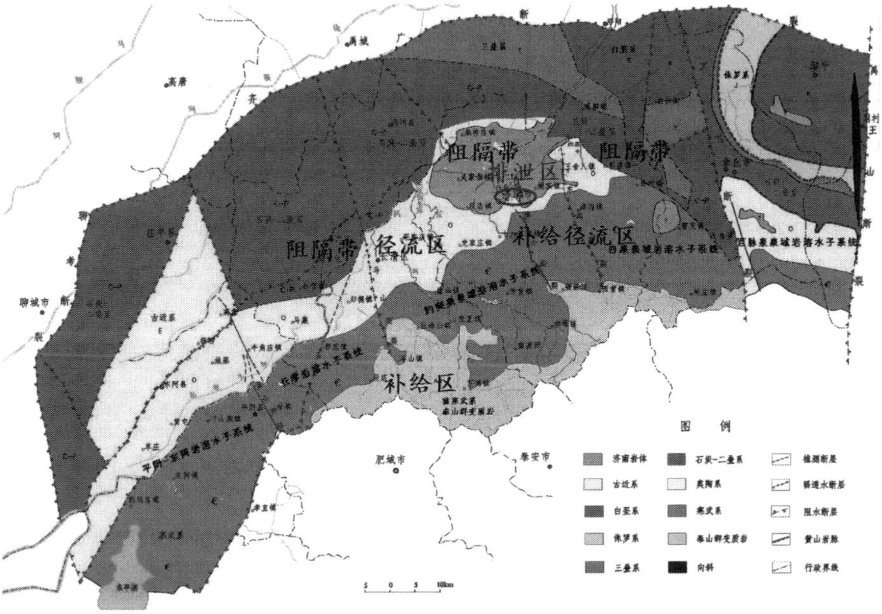

图4-4 济南市泉域划分与地下水补径排示意图

4.3.4 济南市地下储水空间分区

对地下水人工回灌的储水空间，一般要求：具有一定规模，如储水空间太小，则地下水人工回灌的效果不易发挥或体现；储水介质具有良好的水力传导条件（渗透性能），利于补给水在地下空间的扩散；储水空间具有相对封闭的边界条件，有利于补给水的储存和调控管理；具有良好的补给途径，一般要求储水区上覆地层的入渗能力较强，包气带内无厚度较大的区域性隔水层存在，有利于接纳大气降水入渗补给和浅层地下水人工补给工程的建设。

根据济南的地质特性，需划分出不同的储水空间。济南地区位于鲁中山地和华北平原的交接地带，根据地形地貌条件，可划分为两个一级水文地质分区，即山丘区、平原区；根据地层岩性和地下水的赋存条件，可将一级区进一步划分为基岩山区、岩溶山区、山前倾斜平原区、黄河冲积平原四个二级区。

根据含水介质的特点以及地下水在含水层中的运动、储存特点，济南地区可划分为不同含水层（组）及地下水类型，各类型含水层（组）受到相邻隔水层（组）的控制，虽然形成了各自独立的循环条件，但因构造作用的影响，其在区域地下水总循环中又是有机联系在一起的[9]。

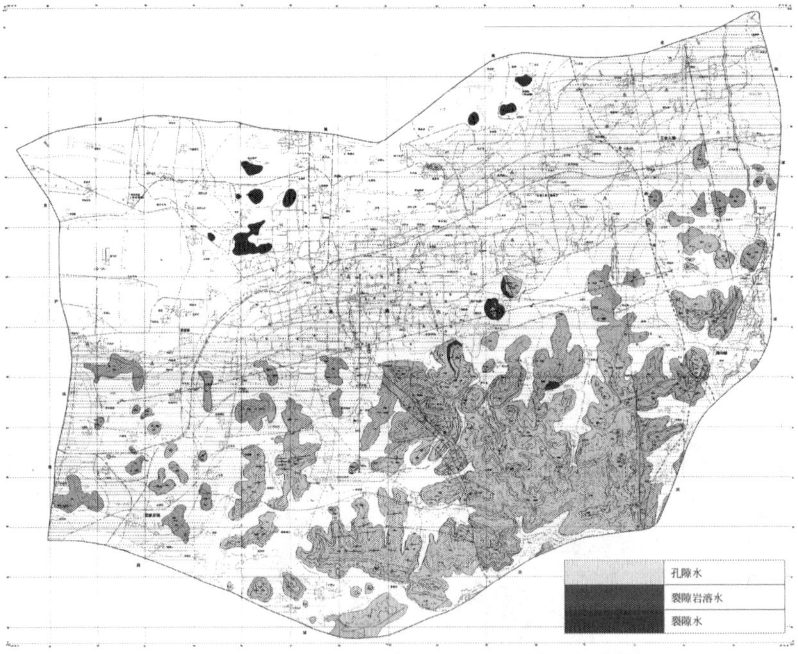

图 4-5　济南市水文地质分区图

1. 松散岩类孔隙水含水层（组）

松散类孔隙水含水层（组）主要分布在山区河谷和山前河流形成的冲洪积平原以及北部黄河冲洪积平原地带。山间河谷内含水层呈带状分布。厚度 5～15m，局部可达 30m。含水层岩性由砂砾石及卵石夹黏土组成，分选性极差；水位及富水性随季节变化，单井出水量 50～300m³/d。玉符河、北沙河、巨野河、巴漏河等河流中、下游的冲洪积平原的第四系厚度为 50～140m，主要含水层埋深在 70m 以上，其上部含水层为中砂及中粗砂夹砾石，分选性一般较好。下部砂砾石中夹黏土，分选性差。70m 以下为黏土夹砾石，含水层东西（横向）分布不均，多呈透镜状；70m 以上富水性较好，单井出水量 1000～2000m³/d，在河流沿岸及与下伏岩溶水有密切联系部位，单井出水量可大于 2000m³/d。近山前水位埋深 10～30m，远离山前水位埋深约 3～8m，其中东部地区巴漏河下游含水层岩性为中粗砂及砾石夹黏土，厚度 15～30m，单井出水量 500～2000m³/d，水位埋深 4～7m。

山前岛状山地带分布松散岩类，厚度及岩性变化很大，其厚度为 5～20m，含水层主要是黏土裂隙及黏土夹砾石层，水位年变化幅度大，一般在 10m 左右，富水性差，单井出水量约为 10～30m³/d。

黄河冲积平原浅层地下水埋藏条件及分布规律主要受黄河古河道的变迁和改道所控制，在平面分布上，古河道带与古河道间带相间分布，呈南西-北东方向延伸，显示了黄河故道变迁的规律性。在古河道带内地下水含水层厚度大，颗粒粗，富水性强，水质较好；在古河道间带含水层厚度则较小，颗粒细，富水性及水质较差。在垂向分布上，含水砂层层位分布稳定，顶板埋深 5～13m，底板埋深 30～35m，砂层多为 2～3 层，含水层岩性为粉细砂或细砂。古河道带含水层单层厚度 4～15m，总厚度 12～24m，富水性好，单井涌水量一般为 30～40m³/h。古河道间带含水层单层厚度则较弱，约为 1～8m，含水层总厚度 4～17m，单井涌水量一般为 25～30m³/h，水质较差。水位年变化幅度一般小于 2m。

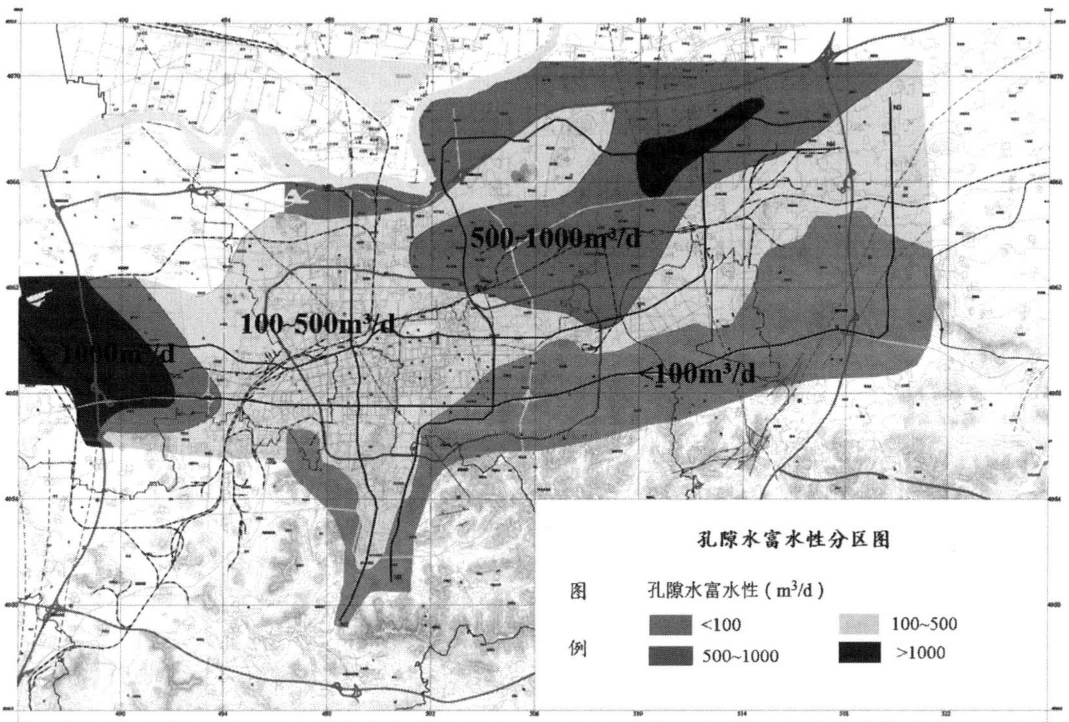

图 4-6　济南市孔隙水水量分区图

2. 碳酸盐岩裂隙—岩溶含水层（组）

该含水层（组）由寒武系中统张夏组、上统凤山组和奥陶系含水层组成，其中张夏组鲕状岩的顶、底皆为页岩所隔，形成一单独含水层。

（1）凤山组至中奥陶八陡组含水层，岩性为厚层纯灰岩、白云质灰岩、灰质白云岩、白云岩和泥质灰岩。岩溶裂隙发育，且彼此连通，导水性强，有利于地下水的补给、径流和富集，在重力作用下，形成一个具有统一水面的含水体。但因分布位置及构造、地形、埋藏条件的影响，该含水层富水性相差悬殊。

在低山丘陵区，灰岩直接裸露地表，裂隙岩溶发育，有利大气降水的渗入补给，从而成为岩溶地下水的补给径流区。该区地下水交替强烈，但不利于地下水的储存富集，单井出水量一般小于 $100m^3/d$；在地形、构造及地表水补给有利地段，单井出水量则可大于 $500m^3/d$。地下水位埋深 50～100m，甚至大于 100m，水位年变化幅度 20～50m，成为供水较困难的贫水区。

丘陵及部分岛状山分布区，含水层主要为奥陶系灰岩，其部分裸露，部分隐伏在 10～20m 的第四系松散层下，呈带状分布，浅部岩溶裂隙发育。地下水主要接受大气降水补给及上覆松散岩类孔隙水的渗入补给，局部还接受地表水的补给，富水性中等，单井出水量为 $100～1000m^3/d$，局部由于构造控制，单井出水量则可大于 $1000m^3/d$。

山前倾斜平原以及单斜构造前缘，含水层岩溶裂隙发育，地下水储存于裂隙溶洞中，渗透系数一般皆大于 100m/d。在西部地区、市区和东部一带钻孔出水量皆很丰富，一般单井出水量可达 $1000～5000m^3/d$，局部地区大于 $10000m^3/d$。水位埋深一般小于 10m，局部地区自流，水位年变化幅度一般为 3～4m。另外位于单斜构造前缘，在岩体及石灰、二叠系以下埋藏较深的碳酸盐岩（其顶板埋深大于 400m）岩溶一般发育较差，水交替循环缓慢，富水性较差，单井出水量一般小于 $1000m^3/d$。由于承压水位埋藏较浅，有的自流。

（2）寒武系中统张夏组灰岩，主要分布在南部山区，局部裸露地表，含水层顶、底板分别是具有相对隔水作用的上统崮山组页岩和中统徐庄组页岩。灰岩顶部及底部岩溶发育，富水性一般为中等。裸露区单井出水量小于 $100m^3/d$，隐伏区单井出水量则为 $500～1000m^3/d$。但在北沙河、玉符河、巨野河、巴漏河两岸及构造与地形有利地段，富水性增强，单井出水量可大于 $1000m^3/d$，且局部承压自流。

3. 碎屑岩夹碳酸盐岩溶—裂隙含水层（组）

该含水层（组）分布于区内中南部，由寒武系下统馒头组、中统徐庄组及上统长山组灰岩组成，其中馒头组由于相变，其底部的灰岩在本区变薄，长山组虽然灰岩组合比例大，但灰岩多为薄层，岩溶不发育，故也列入裂隙含水层（组）内。由于上述含水层灰岩与页岩成夹层或互层，故裂隙不发育，富水性差，单井出水量一般小于 $100m^3/d$；在构造、地形适宜的地段，单井出水量也可达 $100～500m^3/d$。该含水岩层分布的地势一般较高，且有页岩隔水，相互无水力联系，因此地下水无统一的水面形态。在沟谷切割或构造的控制下，往往出现阶梯水位。地下水流向受地层倾向及地形坡度控制。地下水水位埋深变化很大，一般为 5～10m，局部由于构造影响而自流。

4. 变质岩及岩浆岩裂隙含水层（组）

该含水层（组）岩性主要为花岗片麻岩、板岩以及辉长岩、闪长岩等，地下水主要在

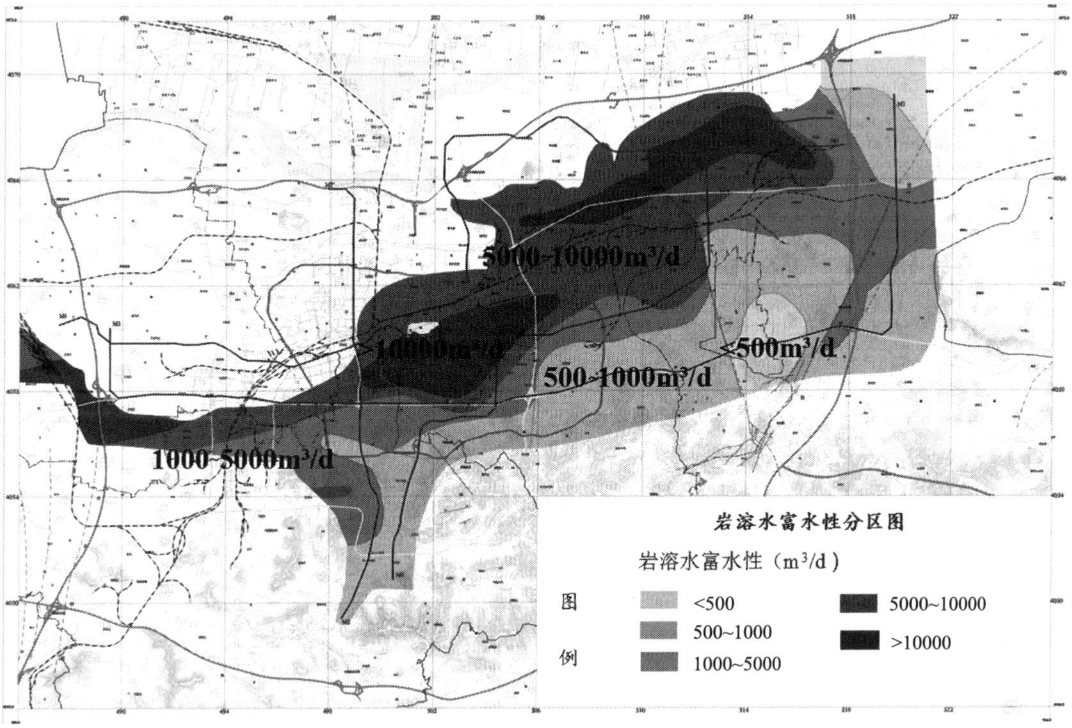

图 4-7　济南市岩溶水水量分区图

岩石风化带的孔隙和裂隙中赋存与运动，风化带厚度一般在 10～15m。由于裂隙细小，故富水性极差且不均匀，单井出水量一般小于 100m³/d。变质岩区季节性裂隙泉较多，但流量甚小。地下水流向与地形坡向一致，以基流形式汇入沟谷河流，以表流形式向碳酸盐分布区排泄。

4.3.5　济南市岩溶水系统分区

地下水资源的分布与开发利用，受自然地理条件、含水层的空间结构、社会经济状况、产业结构布局、城市化进程等诸多因素的影响和制约。在不同的地下水系统中，这些因素的作用和影响程度都有明显的差异。因而，开展地下水系统环境和结构分析，对地下水系统进行合理划分，确定不同层次地下水系统的区、级，是更准确评价地下水资源的基础，是进一步运用地下水系统理论进行地下水资源合理开发利用研究、对地下水资源进行科学管理和正确认识地下水资源开发利用与环境保护之间相互关系的前提。

地下水系统区是指具有相似的水循环特征且在地域上相互毗邻的地下水系统组合体。区域内地下水系统的输入和输出受相似气候条件或地表水系等的影响，使得区内所包含的地下水系统的循环特征具有一定的共性。每个地下水系统区可包含若干个子地下水系统。依据地下水系统理论，并根据地形地貌、大地构造、水文地质特征、气候、地表水系等差异，地下水系统划分应重点考虑地下水系统的自然属性。

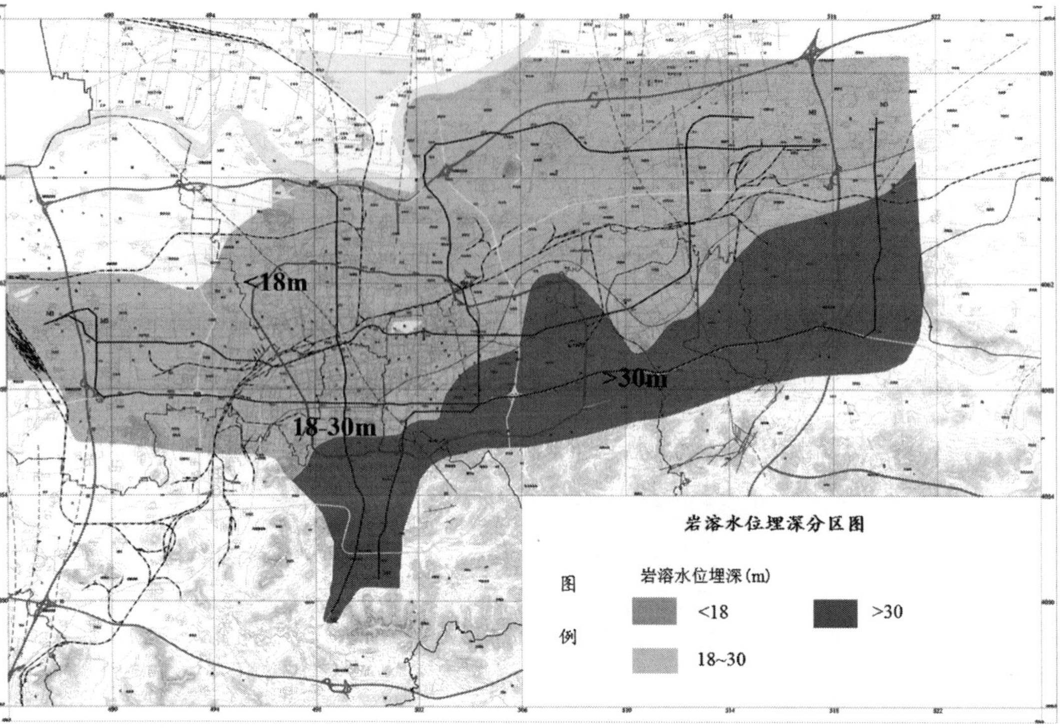

图 4-8　济南市岩溶水埋深分布图

4.4　地下储水空间回灌的适宜性评价方法

基于层次分析法的多指标体系评价方法，建立济南地下储水空间的回灌适宜性评价体系。层次分析法是指将一个复杂的多目标决策问题作为一个系统，将目标分解为多个目标或准则，进而分解为多个评价指标的若干层次，通过定性指标模糊量化方法算出层次单排序（权数）和总排序，以作为多指标、多方案优化决策的系统方法。

4.4.1　建立递阶层次结构

将济南市回灌适宜性评价作为层次分析的目标层（A），将地质指标、水文地质指标和经济与社会指标作为层次分析的准则层（B），各具体回灌评价指标同样作为层次分析的准则层（C），将各地是否适宜回灌作为层次分析的方案层（D），建立济南市回灌适宜性评价层次结构模型如图 4-9 所示。

4.4.2　各评价指标量化分级

研究区巨大的地下储水空间能否得到充分利用取决于其人工回灌的适宜性，从研究区水文地质条件特点来看，含水层透水性、地下水位埋深、含水层承压性、含水层岩性等是影响人工回灌效率与效果的核心因素。为准确定量的刻画研究区地下水储存空间人工回灌的适宜性，本次研究根据实际情况选取了含水层渗透系数、含水层厚度、地下水位埋深、

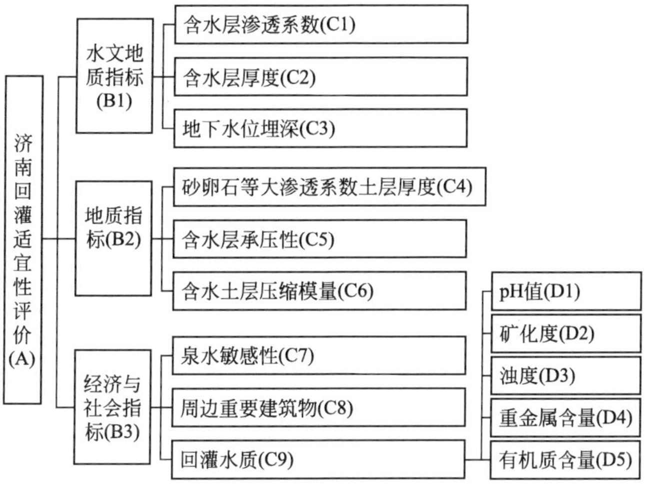

图 4-9　地下储水空间回灌评价指标权值分析层次结构模型

含水层性质（砂卵石、灰岩破碎带等大渗透系数地层分布）、地下水承压性、岩层压缩模量、泉水敏感性、周边重要建筑物分布与回灌水质九个指标来评价地下水人工回灌适宜性[10、11]。

1. 含水层渗透系数（C1）

含水层的渗透系数与回灌难易程度直接相关，渗透系数大小决定地下水流动速度快慢，地下水流动速度大，相应回灌量越大。根据水文地质调查资料显示：①黏性土的渗数系数 K 为 3～16m/d，主要分布于白泉泉域和济南西部新城区域，其他区域可能也有不同分布，但由于地下水较深，对工程影响小。②卵碎石的渗数系数 K 一般可达 5～20m/d，局部可达 200m/d，在济南市全区均有分布，分布范围广。③灰岩破碎带的渗数系数 K 一般可达 100～300m/d，局部可达 500m/d 以上，分布极不均匀，没有规律可言，与地质构造密切相关，受地球自转的影响较大，断裂一般呈近东西和南北向发育，另外，大渗透系数与岩溶发育程度密切相关，完整的岩石很难形成，济南之所以能形成泉水，岩溶发育且形成地下连通网络是重要因素。

根据《基坑降水手册》中对各岩土层渗透系数的划分[12]，并结合济南地区地层渗透特性将其划分为五个等级，如表 4-1 所示。

渗透系数评价等级表　　　　**表 4-1**

等级	K 值范围(m/d)	特　征
极大	＞200	局灰岩破碎带的渗透系数极大，分布不均匀，受断层与岩溶发育程度影响较大
大	50～200	灰岩破碎带与局部砂卵石带渗透系数大，分布范围较广，岩溶较发育
中	1～50	砂卵石带与大渗透系数黏性土分布区，范围较广，主要集中在白泉泉域和济南西部新城区域
小	0.01～1	黏性土分布较广，渗透系数较小，水性较差
极小	＜0.01	渗透系数极小的黏性土与粉质黏土，一般作为隔水层

2. 含水层厚度（C2）

含水层厚度从根本上决定了地下水的储水空间。对渗透系数较大的含水层，若厚度很小，其储水能力有限。从泰斯回灌公式可以得出，其他条件相同的情况下，含水层厚度越大，其可回灌的量相对也越高。然而对于基坑工程，如果含水层厚度过大，则降水量会很高，进而会影响整个降水回灌系统的效率。

3. 地下水位埋深（C3）

本书评价回灌适宜性主要针对基坑工程，故选取的评价范围在地下埋深 30m 以内，超过 30m 埋深的不作分析。根据地下水位埋深确定在基坑开挖范围内的降水指标，根据降水决定回灌参数。将地下水位埋深划分为 0～5m、5～10m、10～15m、15～20m、20～25m、25～30m 六个级别进行评价。

4. 砂卵石层与大渗透系数黏性土分布（C4）

渗透系数是影响回灌的重要参数，区域内砂卵石层、大渗透系数黏土以及灰岩破碎带的分布是影响回灌适宜性的非常重要的评价依据。在砂卵石层内回灌可将回灌效率大幅提高，补给地下水资源效果最好。现将济南市砂卵石层等大渗透系数地层划分为埋深 0～10m、10～20m、20～30m 三个范围，如图 4-10～图 4-12 所示。

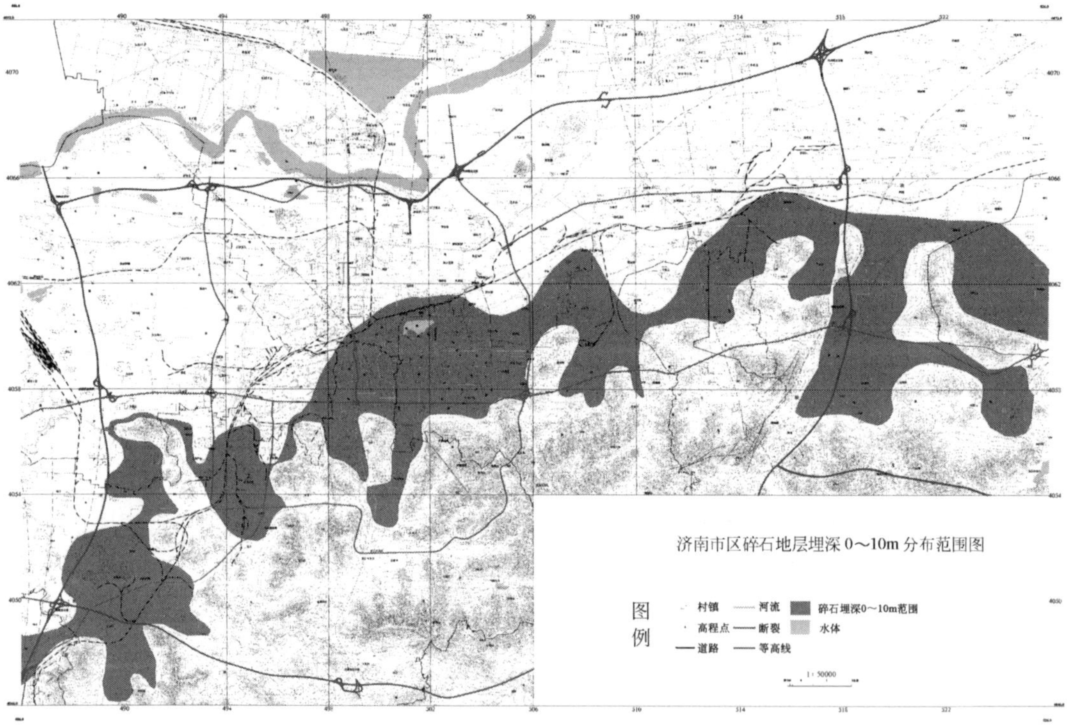

图 4-10　济南市 0～10m 埋深范围内砂卵石分区图

5. 地下水类型（C5）

地下水按承压性可分为潜水和承压水。水在埋藏条件上的不同决定了其在接受补给时的区别。前者表现为含水层孔隙的填充，后者则表现为含水层体积的膨胀。因此，在同等条件下，潜水较承压水更易于回灌。

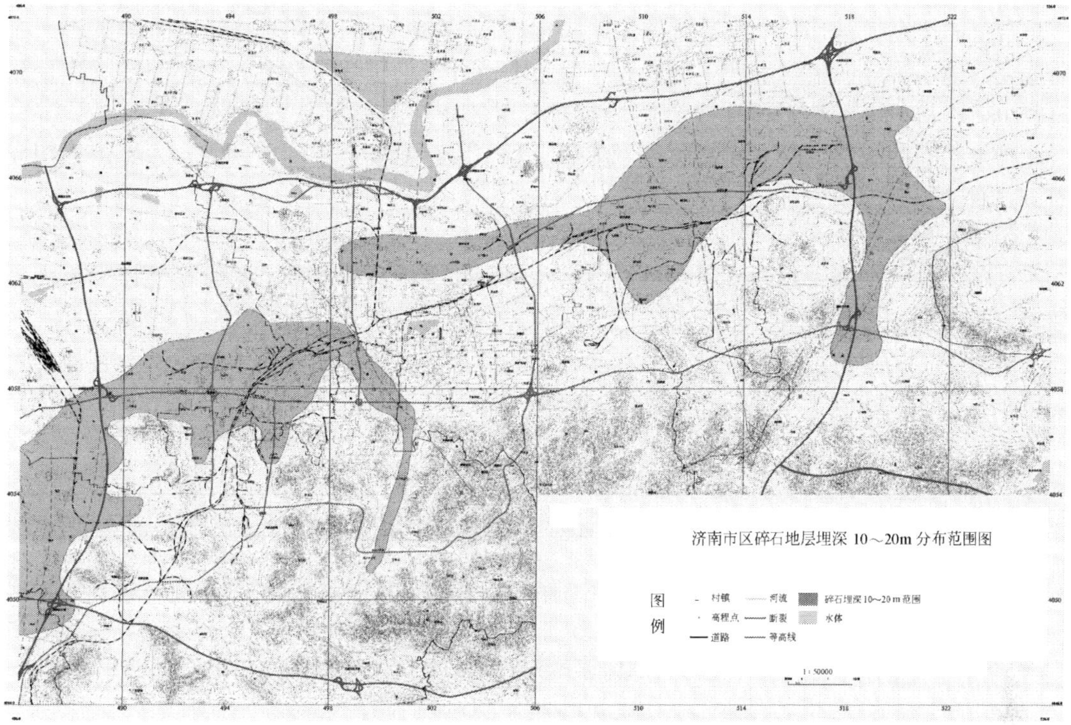

图 4-11　济南市 10～20m 埋深范围内砂卵石分区图

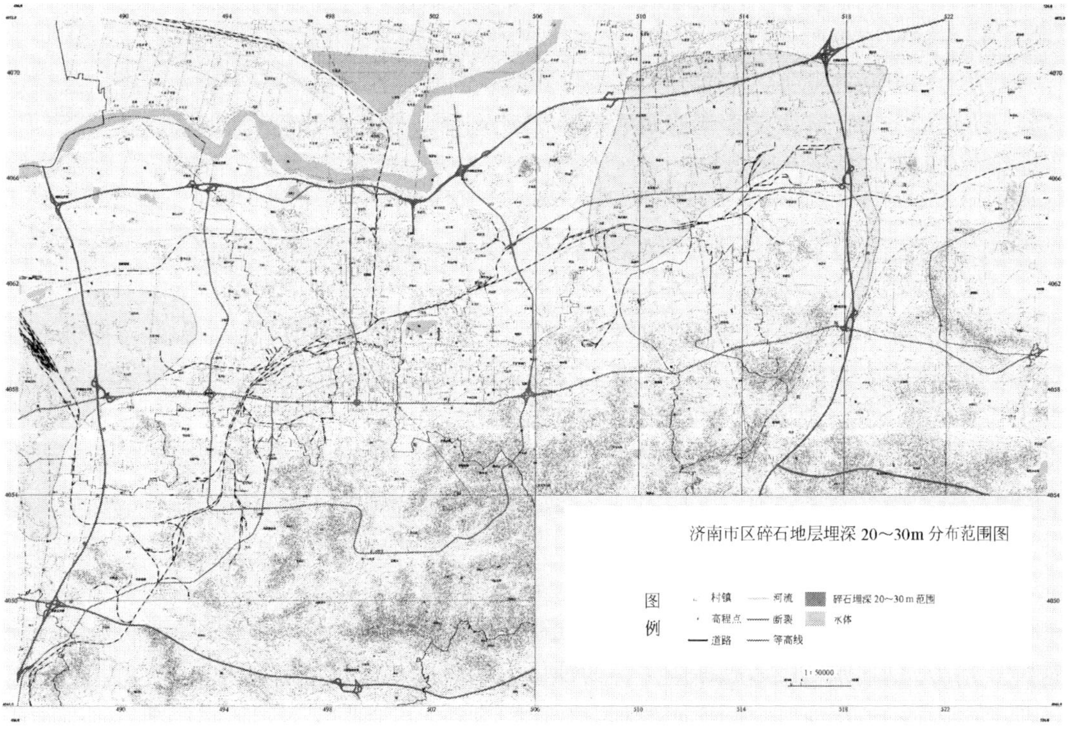

图 4-12　济南市 20～30m 埋深范围内砂卵石分区图

6. 岩土压缩模量（C6）

岩土的压缩模量是一个极其重要的地质参数，压缩模量的不同直接影响着地下水位变动造成的地层沉降。由降水产生的有效应力的增加，对于压缩模量大的土层固结沉降量相对较小，以济南地区的土层性质为例，砂卵石层的压缩模量是软弱的黏性土的 5～6 倍。因此降水引起的土层沉降主要是黏性土部分，对于压缩模量较小的区域降水，则需采用回灌方式消除地层不均匀沉降。

7. 泉水敏感性（C7）

基于各钻孔的抽水量与抽水难易程度反分析该区地层的复杂性，越复杂地层回灌涉及问题越多，回灌难度越大。

根据以上抽水量与抽水试验数据分析并结合《济南轨道交通建设对泉水的影响研究报告》中轨道交通建设对泉水的影响[13]，划分基坑降水对泉群的影响区域，如表 4-2 所示。

泉水敏感区域划分 **表 4-2**

分区	具体区域特征
降水影响敏感区	该区为泉水出露区，以经十路为界，东至历山路，西至顺河高架，北至北园大街
降水影响次敏感区	济南西站至泉水出露区之间的广大区域，地下水资源极其丰富，且与泉水联系较为密切
降水影响非敏感区	济南的其他区域，区域基坑降水并不会对泉水区域产生影响

根据工程降水对泉水的影响程度不同，在不同区域进行基坑工程地下水控制时，应采取不同形式的止水帷幕或回灌方案。例如在泉水敏感区内基坑降水，对泉水影响较大，因此须采取回灌措施，按照不同的地层性质与水文地质条件设计其回灌方案。

8. 周围建筑物分布（C8）

工程降水带来的危害，主要分为地层针对降水的敏感性即降水产生较大沉降以及周边重要建筑物的分布。降水工程周边是否有重要建筑物，若有重要建筑物或建筑物较密集，并且降水会对其产生不利影响时，则必须回灌；若无重要建筑物且在市郊时，则不需要回灌。

9. 回灌水质（C9）

回灌水质作为影响基坑回灌适宜性的一个经济指标。目前基坑回灌在国际上通常是以回灌水质无污染、回灌水来源经济可行为基础，来研究回灌的适宜性的。因此对回灌设备与回灌技术都有一定的要求。对于基坑工程的降水回灌，由于施工降水与再生水的水质特点有很多不同，直接采用再生水的水质标准尚存在一些争议，因此有关于施工降水回灌到地下含水层的水质标准和具体要求尚需进一步的研究。由于技术和经济因素的限制，在人工回灌的过程中，不能对地下水中的每一种污染物都制定标准，而只能选择性地从中确定一些重点的污染物予以控制。由于基坑降水是在原地从地下抽出，水质相对再生水要好，另外地层本身对回灌水也有一定的天然净化能力，因此对基坑降水人工回灌的水质控制指标可适当地减少。根据施工降水的水质特点及现有的地下水人工回灌相关水质标准，基坑降水用于地下回灌水质控制指标应主要为浊度、酸碱度（pH 值）、矿化度、重金属含量、有机质含量等。一般而言，同层回灌时由于抽出的地下水直接作为回灌水源灌入，在密闭的环境中水质变化一般不大，异层回灌时（一般为上层抽水回灌至下层含水层），因土层的过滤作用，上层的水质一般要差于下层水质，抽出的水须经过水处理装置处理后达到污染物的控制标准后再回灌至下层。

4.4.3 构造两两比较判断矩阵

对各指标之间进行两两对比之后，然后按 9 分位比率排定各评价指标的相对优劣顺序。

$$\overline{w_i}=(\prod_{j=1}^{n}P_{ij})^{1/n}(i=1,2,3,4......n) \tag{4-1}$$

$$w_i=w_i/\sum_{j=1}^{n}\overline{w_j} \tag{4-2}$$

$$\lambda_{\max}=\left(\sum\nolimits_{i=1}^{n}((Aw)_i/w_i)\right)/n \tag{4-3}$$

$$CI=(\lambda_{\max}-n)/(n-1) \tag{4-4}$$

$$CR=\{(\lambda_{\max}-n)/(n-1)\}/RI \tag{4-5}$$

依次构造出评价指标的判断矩阵 $P_{n\times n}$，通过式（4-1）～式(4-5）分别计算因素权向量 w、最大特征值 $\lambda_{\max}$、随机一致性比率 CR。

$$w_j^L=\sum_{i=1}^{n_1}w_i^K\psi_{ji}(j=1,2\cdots,n_2) \tag{4-6}$$

$$CR^L=(\sum_{i=1}^{n_1}w_i^K CI_{K_i}^L)/(\sum_{i=1}^{n_1}w_i^K RI_{K_i}^L) \tag{4-7}$$

采用式（4-6），式（4-7）计算因素总排序权值与对应的随机一致性比率。

式中，w_i^K 为上层（K 层）的 n_1 个因素 K_i 的因素总排序权向量；ψ_{ji} 为下层（L 层）的 n_2 个因素 L_j 对应于 K_i 的权值（当 L_j 与 K_i 无关时，$\psi_{ji}=0$）；w_j^L 为下层（L 层）因素总排序权向量；$CI_{K_i}^L$、$RI_{K_i}^L$ 分别为 L 层与 K_i 对应的判断矩阵的一般一致性指标和随机一致性指标；CRL 为 L 层因素总排序随机一致性比率[14、15]。

当判断矩阵的阶数较大时，通常难于构造出满足一致性的矩阵来。但判断矩阵偏离一致性条件又应有一个度，为此，必须对判断矩阵是否可接受进行鉴别，这就是一致性检验的内涵。故定义一致性指标：（1）CI 越小，说明一致性越大。考虑到一致性的偏离可能是由于随机原因造成的，因此在检验判断矩阵是否具有满意的一致性时，还需将 CI 和平均随机一致性指标 RI 进行比较，得出检验系数 CR；（2）如果 $CR<0.1$，则认为该判断矩阵通过一致性检验，否则就不具有满意一致性。其中，随机一致性指标 RI 和判断矩阵的阶数有关，一般情况下，矩阵阶数越大，则出现一致性随机偏离的可能性也越大，其对应关系见表 4-3。

平均随机一致性指标 RI 标准值

（不同的标准，*RI* 的值也会有微小的差异） **表 4-3**

矩阵阶数	1	2	3	4	5
RI	0	0	0.52	0.89	1.12
矩阵阶数	6	7	8	9	10
RI	1.26	1.36	1.41	1.46	1.49

为反映判断矩阵客观性，通过统计与理论分析相结合的方法，研究分析了影响回灌适

应性的相关评价指标，遴选出影响回灌效果的主要因素。根据层次结构模型图，分析各指标权值，研究各指标间的相互关系及对回灌适应性的影响程度。

4.5 基于层次分析法分析济南地区回灌适宜性

现针对济南市各地区不同的地质、水文地质与社会经济等不同的影响指标条件下的区域特性，分析各地区的回灌适宜性。

4.5.1 影响因素权值计算

综合评价济南市回灌评价指标，根据专家调查法，判定各影响因素的重要程度，进而分析各指标的重要性。

$$P_{A-B}=\begin{bmatrix}1 & 2 & 4\\ 1/2 & 1 & 2\\ 1/4 & 1/2 & 1\end{bmatrix}$$

目标层 A 的判断矩阵 U 的最大特征值 $\lambda_{max}=3.0$，权重向量为 W_u（0.571，0.256，0.143），符合矩阵一致性。

$$R_{B_1-C}=\begin{bmatrix}1 & 2 & 5\\ 1/2 & 1 & 3\\ 1/5 & 1/3 & 1\end{bmatrix}$$

判断矩阵 B_1 的最大特征值 $\lambda_{max}=3.0037$，权重向量为 W_{u1}（0.581，0.309，0.110），计算得到一致性比率 $CR=0.00319<0.1$，矩阵一致性可以接受。

$$P_{B_2-C}=\begin{bmatrix}1 & 2 & 3\\ 1/2 & 1 & 2\\ 1/3 & 1/2 & 1\end{bmatrix}$$

判断矩阵 B_1 的最大特征值 $\lambda_{max}=3.0093$，权重向量为 W_{u2}（0.539，0.297，0.164），计算得到一致性比率 $CR=0.00798<0.1$，矩阵一致性可以接受。

$$P_{B_3-C}=\begin{bmatrix}1 & 2 & 3\\ 1/2 & 1 & 2\\ 1/3 & 1/2 & 1\end{bmatrix}$$

同理可得 B_3 矩阵的最大特征值为 $\lambda_{max}=3.0093$，权重向量为 W_{u3}（0.539，0.297，0.164），矩阵一致性可以接受。

$$P_{A-C}=\begin{bmatrix}1 & 2 & 5 & 3 & 6 & 7 & 7 & 8 & 9\\ 1/2 & 1 & 3 & 2 & 3 & 3 & 4 & 5 & 5\\ 1/5 & 1/3 & 1 & 1/3 & 1 & 2 & 2 & 3 & 3\\ 1/3 & 1/2 & 3 & 1 & 2 & 3 & 3 & 3 & 4\\ 1/6 & 1/3 & 1 & 1/2 & 1 & 2 & 2 & 2 & 3\\ 1/7 & 1/3 & 1/2 & 1/3 & 1/2 & 1 & 1 & 2 & 2\\ 1/7 & 1/4 & 1/2 & 1/3 & 1/2 & 1 & 1 & 2 & 3\\ 1/8 & 1/5 & 1/3 & 1/3 & 1/2 & 1/2 & 1/2 & 1 & 2\\ 1/9 & 1/5 & 1/3 & 1/4 & 1/3 & 1/2 & 1/3 & 1/2 & 1\end{bmatrix}$$

C层所有回灌评价指标对目标层A层回灌适宜性的影响综合权重分析。矩阵的最大特征值为$\lambda_{max}=9.0366$，矩阵一致性比率为0.003155<0.1，一致性可以接受。权重向量为W_u（0.3491，0.1910，0.0798，0.1350，0.0765，0.0514，0.0530，0.0368，0.0274）。

$$P_{C-D}=\begin{bmatrix}1 & 2 & 1 & 1 & 4\\1/2 & 1 & 1/2 & 1/2 & 2\\1 & 2 & 1 & 1 & 4\\1 & 2 & 1 & 1 & 4\\1/4 & 1/2 & 1/4 & 1/4 & 1\end{bmatrix}$$

C9回灌水质的D层各影响指标的综合权重分析。矩阵的最大特征值为$\lambda_{max}=5.0530$，矩阵一致性比率为0.01183<0.1，一致性可以接受。权重向量为W_u（0.26667，0.13333，0.26667，0.26667，0.06666）。

4.5.2 因素总排序与权值分析

该层次分析模型中，B层因素中水文地质指标相较于地质指标、经济与社会指标更为重要。其权重大小为$W_{uA\text{-}B}$=[0.571，0.256，0.143]，很明显，对回灌适宜性的影响重要程度为水文地质指标>地质指标>经济与社会指标。

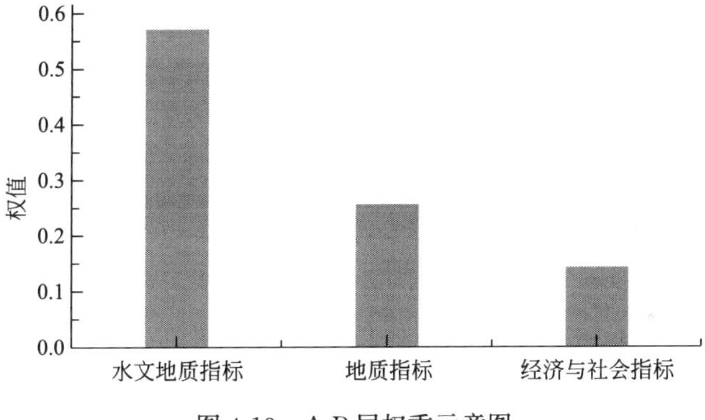

图4-13　A-B层权重示意图

分析C层评价指标的权重总排序，C1～C9的权重向量为$W_{uA\text{-}C}$=[0.3491，0.1910，0.0798，0.1350，0.0765，0.0514，0.0530，0.0368，0.0274]，可得其评价指标关键性为含水层渗透系数>含水层厚度>砂卵石层厚度>地下水位埋深>含水层承压性>泉水敏感性>土层压缩模量>周边重要建筑物>回灌水质。权重大小如图4-14所示。

分析层次分析模型的最底层因素总排序，最底层因素是指C1～C8与D1～D5，总排序权向量为含水层渗透系数>含水层厚度>砂卵石层厚度>地下水位埋深>含水层承压性>泉水敏感性>土层压缩模量>周边重要建筑物>pH值=浊度=重金属含量>矿化度>有机质含量，如图4-15所示。

综合各指标权重，分析济南地区回灌适宜性，可知含水层渗透系数、含水层厚度、地下水位埋深与砂卵石层厚度这四个因素是影响回灌适宜性的最重要的指标。由于土木工程不同于其他专业，工程人员经验较为重要，许多工程难题不能用规范或者专业知识解释

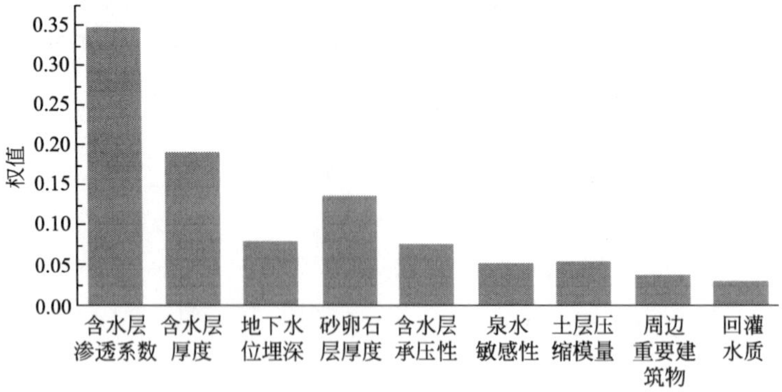

图 4-14　A-C 层权重示意图

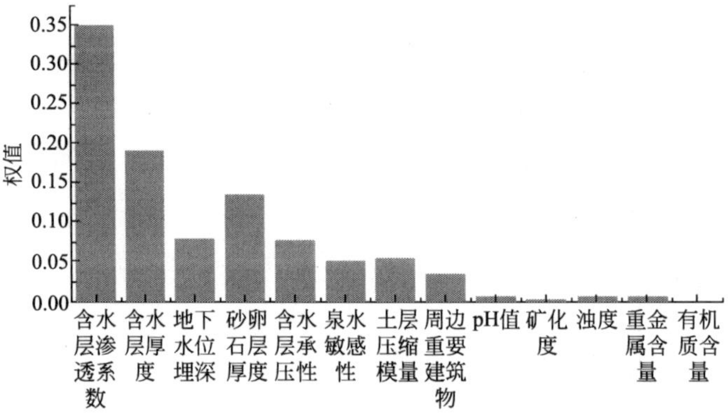

图 4-15 最底层评价指标权重示意图

时，需要用到工程经验来指导施工。因此在划分济南地区回灌适宜性的时候，综合评价指标较多，不能严格的量化，只能给出一个区间进行综合评估。所以在评价济南回灌区域的适宜性时用“回灌优良区、回灌适宜区、回灌基本适宜区与回灌非适宜区”来刻画济南的回灌分区，各指标对回灌分区的影响程度分别用“4，3，2，1”来评价[16]。划分区域范围主要以济南市区绕城高速范围内为主，南至南部山区，北至黄河。根据各指标的影响程度得出一个综合指标，再根据该综合指标的大小来判断该地区的回灌适宜性。即各评价指标综合结果为 4.0～3.0，代表该区域为优良回灌区；各评价指标综合结果为 3.0～2.0，代表该区域为适宜回灌区；各评价指标综合结果为 2.0～1.0，代表该区域为基本适宜回灌区；各评价指标综合结果为 1.0～0，代表该区域为不适宜回灌区。

4.5.3　济南市基坑实例回灌适宜性分析

分析各地区的回灌适宜性需要综合考虑该地区的实际水文地质情况与地质情况，由于济南地区地质条件较为复杂，以下分别列举 R1 线、R2 线、R3 线以及 M3 线的车站基坑实例，分析各站点的回灌适宜性。

(1) 济南轨道交通 R1 线某地下车站所属地下水类型为第四系松散岩类孔隙水，混合水位埋深 4.65～6.20m，相应静止水位标高为 25.86～27.25m。地下水类型属孔隙潜水类型，主要接受大气降水和地表水径流补给。把厚层黏性土视作相对隔水层时，①杂填土，平均层厚 2.3m；②黄土，平均层厚 5.2m；③粉质黏土，平均层厚 6.8m；④卵石，平均层厚 6.6m；⑤粉质黏土，平均层厚 5.0m；⑥黏土，平均层厚 3.6m；⑦卵石，平均层厚 6.7m；⑧黏土，平均层厚 5.2m，地层剖面如图 4-16 所示。

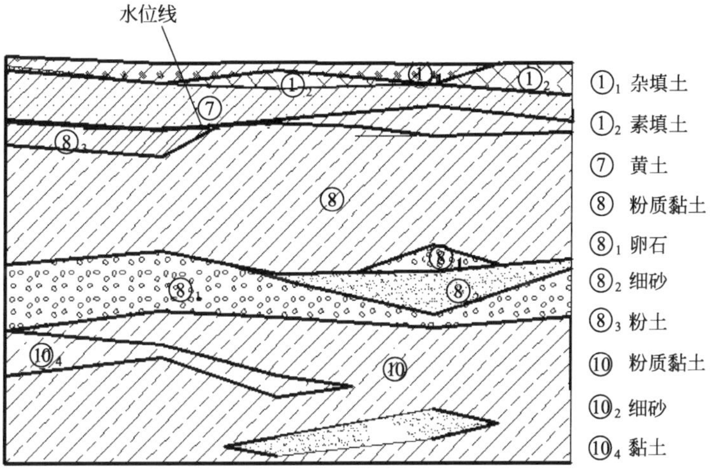

图 4-16　R1 线某车站地质剖面图

该站卵石层具有承压水的埋藏条件。主要接受大气降水及地表水的下渗渗流补给及上流河道渗流补给，以民井抽取及地下水侧向径流为主要排泄方式。依据抽水试验成果，推荐降水施工使用水文地质参数：渗透系数 $K=20.0\text{m/d}$，渗透系数较适中，比较适宜回灌，且回灌层在砂卵石层。该车站距离泉群较远，属于降水次敏感区。

（2）济南轨道交通 R2 线某地下车站，所属地下水类型为第四系松散岩类孔隙水，地下水位埋深较浅，约为地下 3.0～7.5m。地下水类型属孔隙潜水类型，主要接受大气降水和地表水径流补给。地层剖面如图 4-17 所示。

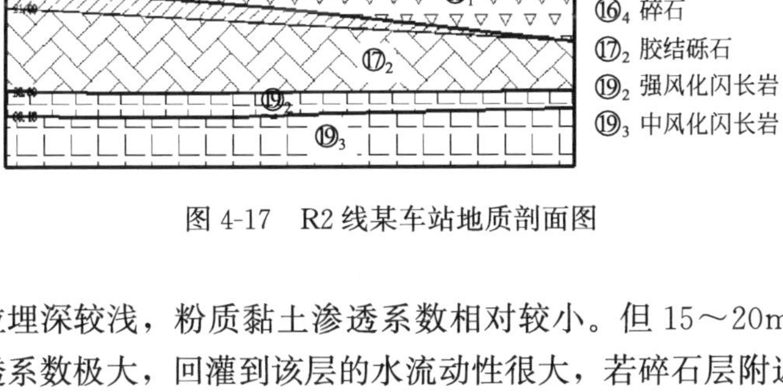

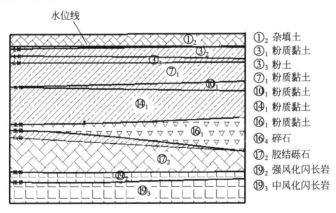

图 4-17　R2 线某车站地质剖面图

该站地下水位埋深较浅，粉质黏土渗透系数相对较小。但 15～20m 深不等处有碎石分布，碎石的渗透系数极大，回灌到该层的水流动性很大，若碎石层附近无渗透系数相对小的隔水层，则回灌水会迅速流走，并不能起到抬高地下水位的作用，该车站距离泉群较远，且在泉群的北部，属于降水非敏感区。

（3）济南轨道交通 R3 线某地下车站，所属地下水类型为第四系松散岩类孔隙水，地下水位埋深非常小，约为地下 3.2～6.5m。地下水类型属孔隙潜水类型，主要接受大气降水和地表水径流补给。地层剖面如图 4-18 所示。

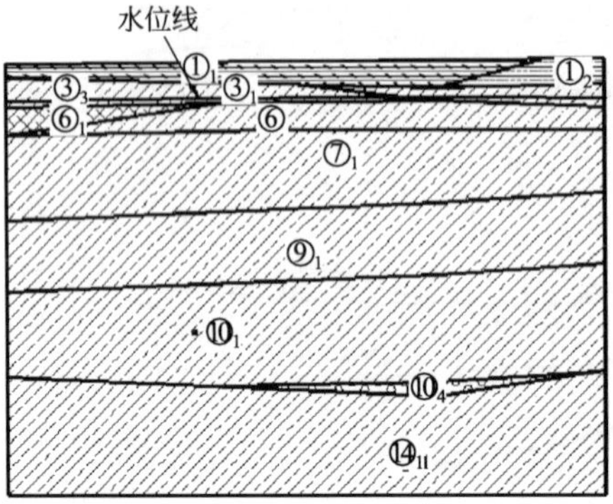

图 4-18　R3 线某车站地质剖面图

该站地下水位埋深较浅，均分布为黏土与粉质黏土，但粉质黏土与黏土的渗透系数较大，该区域的抽水量也非常大。无砂卵石与碎石分布。该区域位于济南市新东站片区，该区域与白泉非常接近，属于泉水敏感区。该区域降水需采用封闭降水的方式，采用坑内降水，坑外补给。钻孔采样室内试验测得的横向渗透系数较大，纵向渗透系数较小，回灌水在黏土层中效果一般。

（4）济南轨道交通 M3 线某地下车站，所属地下水类型为第四系裂隙岩溶水，地下水位埋深较深，约为地下 18～22m。地下水类型属承压水，主要接受大气降水和地表水径流补给。地层剖面如图 4-19 所示。

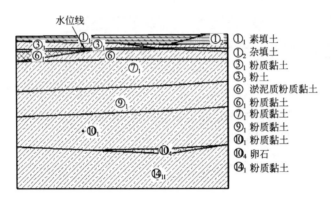

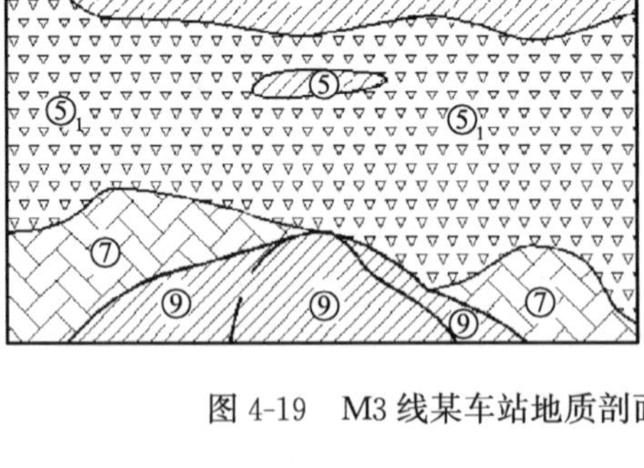

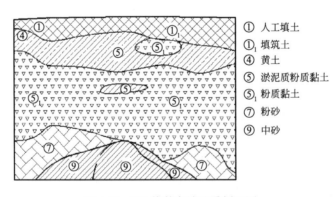

图 4-19　M3 线某车站地质剖面图

该条线路位于经十路，地下水埋深较深，属承压水。经十路位于泉群的补给区，属于泉水敏感区，但由于地下水埋深较深，地下水位以上区域开挖基坑，无需降水。若在地下水位以下开挖基坑，承压水水位较高，回灌压力较小，回灌效果较差。

车站基坑实例回灌适宜性分析表　　表 4-4

评价指标 权重值	C1 0.3491	C2 0.191	C3 0.0798	C4 0.135	C5 0.0765	C6 0.0514	C7 0.053	C8 0.0368	C9 0.0274	综合 得分
R1 线 大杨庄站	3.2	3.0	2.8	3.5	3.0	2.5	2.0	1.5	3.5	3.0011
R2 线 工业北路站	2.8	2.0	2.5	3.5	1.5	2.5	0.5	2.5	3.5	2.4892
R3 线 济南新东站	3.0	3.2	3.2	3.5	3.5	3.0	4.0	1.5	1.5	3.1166
M3 线 八一立交桥站	1.8	2.0	1.5	2.0	1.5	2.0	3.5	3.0	2.0	1.9683

根据上表各车站实例评价指标综合得分结果分析可得：R1 线大杨庄站地下含水层渗透系数较大，且含水层内分布砂卵石地层，储水空间较大，地下水位埋深较浅，综合分析该区域为优良回灌区；R2 线工业北路站地下含水层渗透系数较大，区域内分布砂卵石层，综合分析该区域为适宜回灌区；R3 线济南新东站含水层厚度大，对应的储水空间大，地下水位埋深较浅，且渗透系数较大，且在白泉附近，为泉水敏感区，综合分析该区域为优良回灌区；M3 线八一立交桥站地下水埋深较深，且为承压水，渗透系数相对较小，处于补给径流区，对回灌水质要求较高，综合分析该区域为基本适宜回灌区。

4.5.4　济南市回灌区域划分

采用上述层次分析法与专家调查法，以济南轨道交通车站基坑为依托，共分析 50 余个基坑，并结合上述九个评价指标在各区域内的区域特性得出以下济南市深基坑范围内回灌适宜性分区结果，将研究区域按埋深 0～10m、10～20m、20～30m 范围内划分为三个分区图，每个分区图分别划分为优良回灌区、适宜回灌区、基本适宜回灌区与不适宜回灌区四个区域，具体划分如图 4-20～图 4-22 所示。

A 区，即优良回灌区，位于济南新东站附近与西部地区，该区域含水层的渗透系数非常大，储水空间大，地下水位埋深较浅，为回灌提供了良好的地质条件。

B 区，即适宜回灌区，济南市地质条件较复杂，南高北低，南部多为山区，北部为平原区，该区域分布在济南中部与东北部地区，该区渗透系数大，入渗条件较好，含水层厚度适中，在该区回灌效率较高。

C 区，即基本适宜回灌区，该区多分布在黄河南北区域，渗透系数较小，多分布为黏土与粉质黏土，地下水位埋深浅，但由于入渗条件较差，导致该区域的回灌效率较差。

D 区，即不适宜回灌区，该区分布在济南的南部，多位于山区部分，该区为济南泉水的补给区，地下水多汇集到济南中部泉水区域，由于地下水位在该区域埋深很深，基坑开挖范围内无地下水，故为不适宜回灌区。

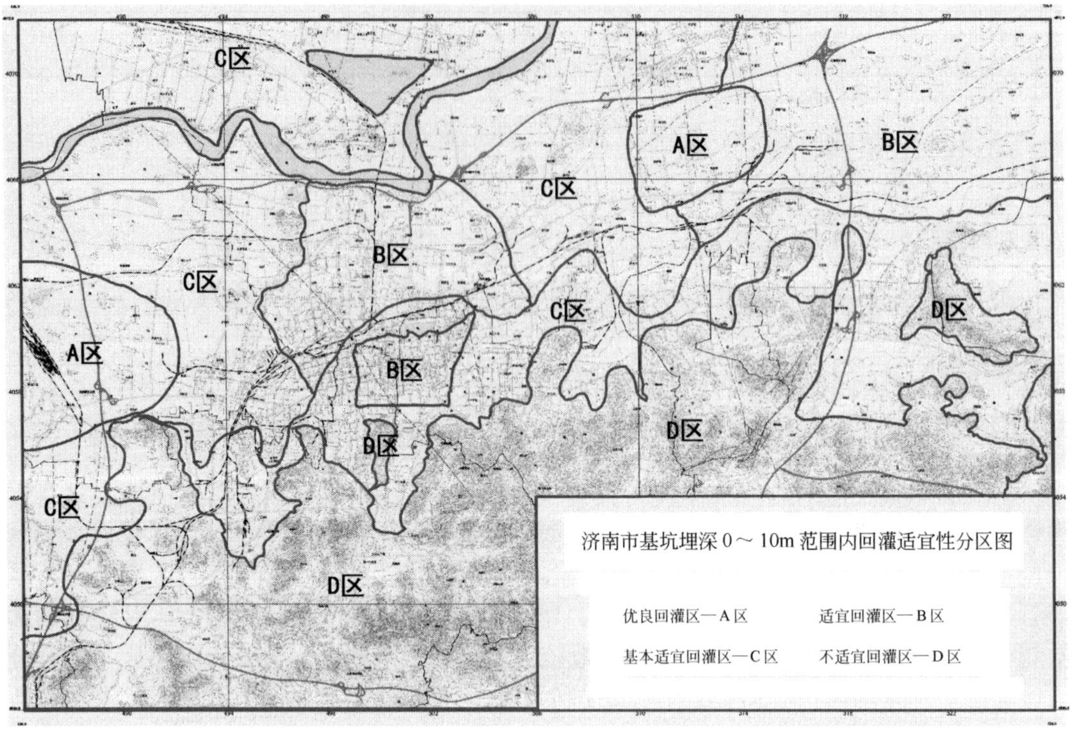

图 4-20　济南市基坑埋深 0～10m 范围内回灌适宜性分区

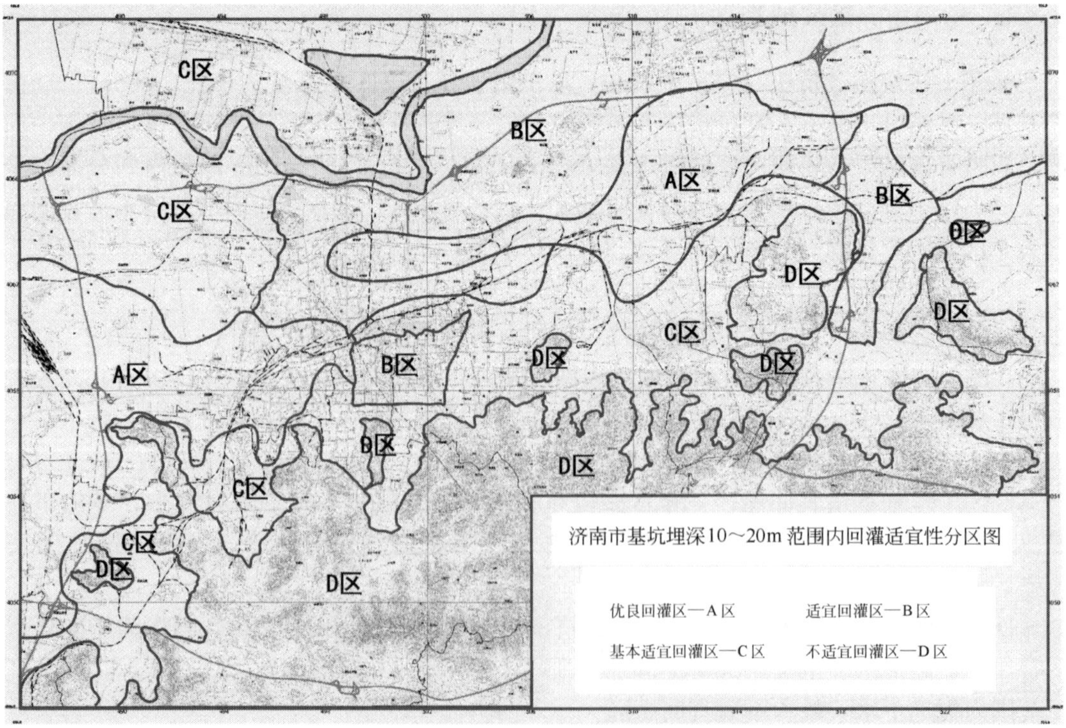

图 4-21　济南市基坑埋深 10～20m 范围内回灌适宜性分区

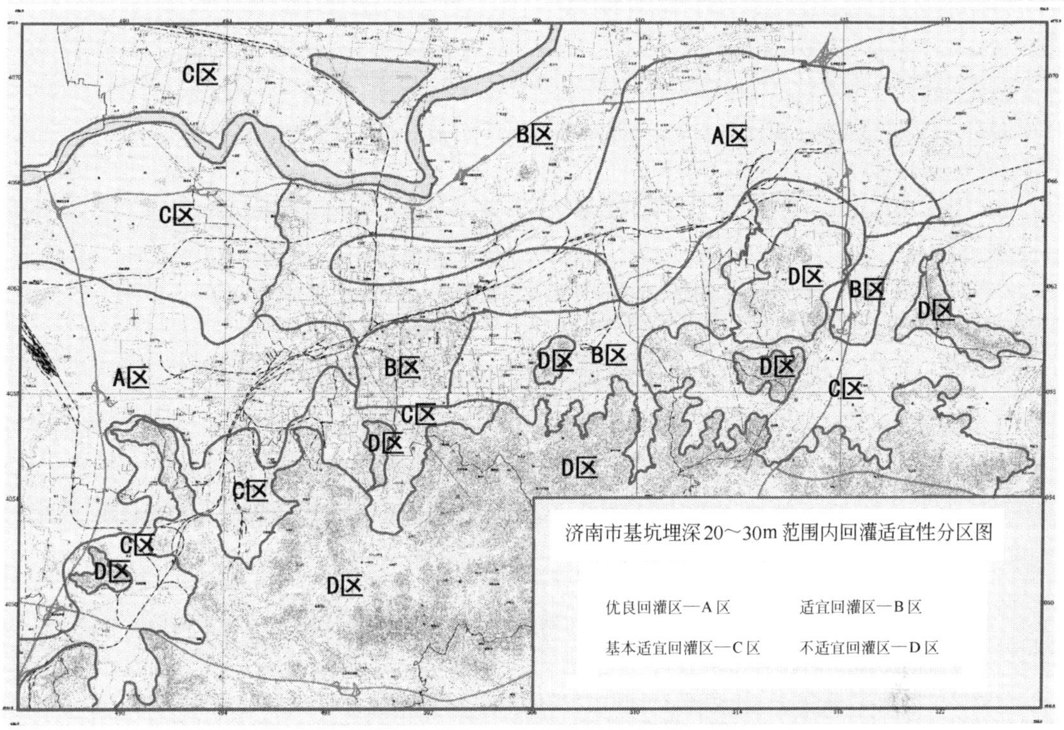

图 4-22 济南市基坑埋深 20～30m 范围内回灌适宜性分区

4.6 本章小结

济南市地下水主要为孔隙水、裂隙岩溶水与裂隙水，通过对济南市地质条件与水文地质条件的研究，采用层次分析法分析回灌评价指标权重，划分济南市回灌适宜性分区，主要得出以下结论：

（1）基于层次分析法得出各回灌评价指标权重大小为含水层渗透系数＞含水层厚度＞砂卵石层厚度＞地下水位埋深＞含水层承压性＞泉水敏感性＞土层压缩模量＞周边重要建筑物＞回灌水质，含水层渗透系数、含水层厚度、砂卵石层厚度与地下水位埋深四个评价指标所占权重最大，对回灌适宜性分区影响最大。

（2）通过层次分析法分析轨道交通 R1、R2、R3 与 M3 线的代表性地下车站回灌适宜性，得出 R1 线大杨庄站为优良回灌区；R2 线工业北路站为适宜回灌区；R3 线济南新东站为优良回灌区；M3 线八一立交桥站为基本适宜回灌区。

（3）将济南市基坑埋深 0～30m 范围内划分为优良回灌区、适宜回灌区、基本适宜回灌区和不适宜回灌区四个区域，可指导实际基坑工程回灌方案设计。

（4）通过分析回灌适宜性分区图可得，优良回灌区与适宜回灌区多为砂卵石等大渗透系数分布区域，且地下水位埋深较浅，回灌效率较高；不适宜回灌区多分布在南部山区，该区域地下水位埋深较深，多大于 40m，深基坑开挖范围内不需要降水回灌。

参 考 文 献

［1］ 吴昌瑜，李思慎，谢红．深基坑开挖中的降水设计问题［J］．岩土工程学报，1999，21（3）：348-350.

［2］ 于祺．降水引起成层土附加应力及地表沉降的研究［J］．地下空间与工程学报，2013，09（01）：166-172.

［3］ 姚纪华，宋汉周，吴志伟，刘震．基于回灌法控制深基坑降水引起地面沉降数值模拟［J］．工程勘察，2013，（04）：30-34.

［4］ 杨宏丽，张大犨，赵杰，尹小涛．某深基坑降水与回灌的有限元模拟［J］．土工基础，2007，21（01）：44-47.

［5］ 俞建霖，龚晓南．基坑工程地下水回灌系统的设计与应用技术研究［J］．建筑结构学报，2001，22（5）：70-74.

［6］ 杜新强，迟宝明，路莹，王子佳，李胜涛．雨洪水地下回灌关键问题研究［M］．北京：中国大地出版社，2012.

［7］ 李恒太，石萍，武海霞．地下水人工回灌技术综述［J］．技术经济研究，2008，（03）：41-42，45.

［8］ 魏虹．论地下水回灌方式［J］．建筑与预算，2013，（02）：25-26.

［9］ 徐军祥，邢立亭，魏鲁峰，等．济南岩溶水系统研究［M］．北京：冶金工业出版社，2012.

［10］ 王国富，李罡，路林海，唐卓华，王倩．济南轨道交通 R1 线车站基坑降水回灌适宜性分析［J］．施工技术，2016，45（1）：67-72.

［11］ 刘军，潘延平．轨道交通工程承压水风险控制指南［M］．上海：同济大学出版社，2008.5.

［12］ 姚天强，石振华．基坑降水手册［M］．北京：中国建筑工业出版社，2006：64-68.

［13］ 北京城建勘测设计研究院有限责任公司．济南轨道交通建设对泉水的影响研究报告［R］．北京，2010.03.

［14］ 邓雪，李家铭，曾浩健，陈俊羊，赵俊峰．层次分析法权重计算方法分析及其应用研究［J］．数学的实践与认识，2012，42（7）：93-100.

［15］ 徐振浩，李术才，李利平，侯建刚，隋斌，石少帅．基于层次分析法的岩溶隧道突水突泥风险评估［J］．岩土力学，2011，32（6）：1757-1766.

［16］ 王少丽，刘大刚，许迪，陈皓锐．基于模糊模式识别的农田排水再利用适宜性评价［J］．排灌机械工程学报，2015，33（3）：239-245.

第5章 回灌适宜性分级

5.1 概述

回灌是指为了某种目的采用一定的工程设施将地表水（或其他来源的水）引入地下含水层，增加地下水资源量的过程[1,2]。回灌的主要目标有两个：补充地下水资源，增加地下水可开采资源量和地下水资源的储备量；稳定地下水位，缓解、控制或修复由地下水过量开采导致的环境负效应，如地面沉降、海水入侵等[3]。

回灌可分直接回灌和间接回灌两大类。直接回灌法是以完成地下水回灌为直接目的，包括地面入渗法和地下灌注法；间接回灌法指那些除达到工程设施本身的兴建目的外，同时也起到补充或增加地下水储量的方法，包括农田灌溉、造林绿化以及水库调流等[3,4]。

地面入渗法又称浅层回灌法，是利用天然的河道、沟槽，较平整的草地，以及人工的池塘、水库等，常年或定期引蓄地表水，借助地表水和地下水之间的天然水头差，使之自然渗漏补给含水层，以增加含水层中地下水的储量[4]。地面入渗法可因地制宜地利用自然条件，投资少，收益大，易管理，可作为景观，但占地面积大，效率低，控制不当会产生环境问题，故适用于地形平缓，坡度不大，渗透性较好的地层。

地下灌注法又称深层回灌法，是将回灌水源通过钻孔、大口径井或坑道等直接注入含水层中，除天然注入外，也经常采用人工加压注入[5]。地下灌注法不受地形条件、地面弱透水层分布以及地下水位深度的限制，占地面积小，可向指定含水层集中回灌，但工程投资大，管理费用高，易发生堵塞问题，尽管如此，其在补给地下水源、建造阻止海水（或其他污水）入侵的地下水屏障以及为控制地面沉降等方面，仍然得到广泛地使用。

随着城市地下空间资源利用程度的不断提高，城市基坑开挖的面积和深度也随之加大。为保障基坑工程的施工环境，基坑开挖常需进行降水施工。基坑降水虽然可以提高基坑的整体稳定性，但容易引起基坑周围建筑物产生不均匀沉降、开裂、倾斜，甚至坍塌，也容易造成地下水资源的极大浪费，进而加剧城市地下水资源的短缺程度[6-8]。回灌把基坑降水抽出的地下水回补到下部含水层或工程场地外围的含水层中，不但可以减少对地下水资源的浪费，而且还可以局部抬高基坑周边因降水而降低的地下水位，控制土体变形，最大限度地减少其对邻近建筑物的影响[9-12]。

目前尽管采用回灌来减少或消除深基坑降水对周边环境的影响已有一些成功的案例[13,14]，但具体到需降水的基坑工程在何种地层、何种环境以及何种水质下适宜回灌，目前还尚无系统的分析研究，更多的是根据经验来确定。本着节约资源、保护环境的原则，本章以回灌水质、建筑物距离基坑远近、风险损失等级、含水层透水性以及基坑降水量与含水层储水量之比为评价指标，利用矩阵评价法对基坑降水回灌的适宜性进行分级研究，旨在为基坑降水回灌的适宜性评价建立分级标准。

5.2 评价指标

开展基坑降水回灌适宜性分级，其出发点是合理配置资源，保护周边建筑物安全，避免地下水资源的极大浪费；核心在于确保回灌效率与效果；基本要求是不能因回灌导致水质恶化。基于此，选取回灌水质、建筑物距离基坑远近、风险损失等级、含水层透水性以及基坑降水量与含水层储水量之比五个指标来评价基坑降水回灌的适宜性。

5.2.1 回灌水质

地下水人工回灌水质是决定回灌可行性的关键问题，也是制约区域资源、环境、生态以及可持续发展的重要因子。回灌水质状况与人类健康和地下水环境都密切相关，若接收劣质回灌水的补给，不仅会引起水质污染，还会对人类健康产生不良影响。可见，严格把控地下水回灌的水质至关重要。

地下水人工回灌水质控制除需考虑环境安全与人体健康外，还需考虑堵塞预防与控制。回灌不可避免地会对含水层地下水质产生影响，理想的回灌效果是通过回灌能够改善地下水质，但最基本的要求是不能因回灌导致水质恶化；回灌可导致多孔介质渗透性减小，进而导致回灌效率下降，降低回灌工程的效率，大量经验表明，有效预防堵塞，在一定程度上，比治理堵塞更为有效，故以预防堵塞为原则控制回灌水质是十分必要的。

地下水人工回灌可能导致含水层水质污染，进而威胁人体健康，原因在于：回灌水源有可能携带着有害物质；含水层矿物与注入水或原生地下水之间有可能产生水-岩相互作用；回灌水源水质处理过程可能产生影响含水层水质的副产物等[15]。

地下水人工回灌对水质的最基本要求是：地下水人工回灌不会引起地下水质恶化（或污染）。依据《地下水质量标准》GB/T 14848—1993，可将地下水人工回灌的水质划分为五个类别，每一类别的地下水可分别对应不同的用途，详见表 5-1，具体分类指标详见表 5-2。

地下水人工回灌水质保护划分等级 表 5-1

类别	Ⅰ类	Ⅱ类	Ⅲ类	Ⅳ类	Ⅴ类
水质特点	主要反映地下水化学组分的天然低背景含量。适用于各种用途	主要反映地下水化学组分的天然背景含量。适用于各种用途	以人体健康基准值为依据。适用于集中式生活饮用水水源及工、农业用水	以工业和农业用水要求为依据。除适用于农业和部分工业用水外，适当处理可作生活饮水	不宜饮用，其他用水可根据使用目的选用

地下水质量分级指标 表 5-2

序号	标准值项目	Ⅰ类	Ⅱ类	Ⅲ类	Ⅳ类	Ⅴ类
1	色(度)	≤5	≤5	≤15	≤25	>25
2	嗅和味	无	无	无	无	有
3	浑浊度(度)	≤3	≤3	≤3	≤10	>10
4	肉眼可见物	无	无	无	无	有

续表

序号	标准值项目	Ⅰ类	Ⅱ类	Ⅲ类	Ⅳ类	Ⅴ类
5	pH		6.5～8.5	5.5～6.5,8.5～9	<5.5,>9	
6	总硬度(以 $CaCO_3$,计)(mg/L)	≤150	≤300	≤450	≤550	>550
7	溶解性总固体(mg/L)	≤300	≤500	≤1000	≤2000	>2000
8	硫酸盐(mg/L)	≤50	≤150	≤250	≤350	>350
9	氯化物(mg/L)	≤50	≤150	≤250	≤350	>350
10	铁(Fe)(mg/L)	≤0.1	≤0.2	≤0.3	≤1.5	>1.5
11	锰(Mn)(mg/L)	≤0.05	≤0.05	≤0.1	≤1.0	>1.0
12	铜(Cu)(mg/L)	≤0.01	≤0.05	≤1.0	≤1.5	>1.5
13	锌(Zn)(mg/L)	≤0.05	≤0.5	≤1.0	≤5.0	>5.0
14	钼(Mo)(mg/L)	≤0.001	≤0.01	≤0.1	≤0.5	>0.5
15	钴(Co)(mg/L)	≤0.005	≤0.05	≤0.05	≤1.0	>1.0
16	挥发性酚类(以苯酚计)(mg/L)	≤0.001	≤0.001	≤0.002	≤0.01	>0.01
17	阴离子合成洗涤剂(mg/L)	不得检出	≤0.1	≤0.3	≤0.3	>0.3
18	高锰酸盐指数(mg/L)	≤1.0	≤2.0	≤3.0	≤10	>10
19	硝酸盐(以 N 计)(mg/L)	≤2.0	≤5.0	≤20	≤30	>30
20	亚硝酸盐(以 N 计)(mg/L)	≤0.001	≤0.01	≤0.02	≤0.1	>0.1
21	氨氮(NH_4)(mg/L)	≤0.02	≤0.02	≤0.2	≤0.5	>0.5
22	氟化物(mg/L)	≤1.0	≤1.0	≤1.0	≤2.0	>2.0
23	碘化物(mg/L)	≤0.1	≤0.1	≤0.2	≤1.0	>1.0
24	氰化物(mg/L)	≤0.001	≤0.01	≤0.05	≤0.1	>0.1
25	汞(Hg)(mg/L)	≤0.00005	≤0.0005	≤0.001	≤0.001	>0.001
26	砷(As)(mg/L)	≤0.005	≤0.01	≤0.05	≤0.05	>0.05
27	硒(Se)(mg/L)	≤0.01	≤0.01	≤0.01	≤0.01	>0.1
28	镉(Cd)(mg/L)	≤0.0001	≤0.001	≤0.01	≤0.01	>0.01
29	铬(六价)(Cr^{6+})(mg/L)	≤0.005	≤0.01	≤0.05	≤0.1	>0.1
30	铅(Pb)(mg/L)	≤0.005	≤0.01	≤0.05	≤0.1	>0.1
31	铍(Be)(mg/L)	≤0.00002	≤0.0001	≤0.0002	≤0.001	>0.001
32	钡(Ba)(mg/L)	≤0.01	≤0.1	≤1.0	≤4.0	>4.0
33	镍(Ni)(mg/L)	≤0.005	≤0.05	≤0.05	≤0.1	>0.1
34	滴滴涕(μg/L)	不得检出	≤0.005	≤1.0	≤1.0	>1.0
35	六六六(μg/L)	≤0.005	≤0.05	≤5.0	≤5.0	>5.0
36	总大肠菌群(个/L)	≤3.0	≤3.0	≤3.0	≤100	>100
37	细菌总数(个/L)	≤100	≤100	≤100	≤1000	>1000
38	总 σ 放射性(Bq/L)	≤0.1	≤0.1	≤0.1	>0.1	>0.1
39	总 β 放射性(Bq/L)	≤0.1	≤1.0	≤1.0	>1.0	>1.0

地下水回灌水质应定期监测，监测频率不得少于每年两次（丰、枯水期），监测项目包括：pH、氨氮、硝酸盐、亚硝酸盐、挥发性酚类、氰化物、砷、汞、铬（六价）、总硬度、铅、氟、镉、铁、锰、溶解性总固体、高锰酸钾指数、硫酸盐、氯化物、大肠菌群，以及反映本地区主要水质问题的其他项目。

地下水质量评价以地下水水质评价、水质调查分析资料或水质监测资料为基础，可分为单项组分评价和综合评价两种。

地下水质量单项组分评价，按上述分级指标，划分为五级，不同级别标准值相同时，从优不从劣。

地下水质量综合评价，采用加附注的评分法，具体要求与步骤如下：

(1) 参加评分的项目，应不少于本标准规定的监测项目，但不包括细菌学指标；

(2) 首先进行各单项组分评价，划分组分所属质量类别；

(3) 对各级别按表 5-3 规定分别确定单项组分评价分值 F_i；

单项组分评价分值 **表 5-3**

类别	Ⅰ类	Ⅱ类	Ⅲ类	Ⅳ类	Ⅴ类
F_i	0	1	3	6	10

(4) 按公式 (5-1) 和公式 (5-2) 计算综合评价分值 F；

$$F=\sqrt{\frac{\overline{F}^2+F_{\max}^2}{2}} \tag{5-1}$$

$$\overline{F}=\frac{1}{n}\sum_{i=1}^{n}F_i \tag{5-2}$$

式中，$\overline{F}$ 为各单项组分评分值 F_i 的平均值；$F_{\max}$ 为单项组分评价分值 F_i 中的最大值；n 为项数。

(5) 根据 F 值，按表 5-4 划分地下水质量级别；

地下水质量级别 **表 5-4**

级别	一级优良	二级良好	三级较好	四级较差	五级极差
F	<0.80	0.80～<2.50	2.50～<4.25	4.25～<7.20	>7.20

5.2.2 建筑物距离基坑远近

基坑降水开挖引发的地面变形是导致其附近建筑物开裂、倾斜、甚至坍塌的主要因素。基坑开挖引发的地面变形主要受两方面因素的控制：卸荷和降水[16]。基坑开挖因卸荷而引起坑底土体产生隆起位移，同时，也引起围护墙两侧土体的水平位移，进而引发地面沉降；基坑开挖因降水而引起基坑周围地下水位下降，土体有效应力增加，进而引发地面沉降。可见，基坑降水开挖时，对于其附近建筑物的保护，除需特别重视卸荷作用外，还需认真对待降水作用。

降水引起地层压密而产生的地面沉降，是含水层内地下水位下降，土颗粒间应力，即有效应力增加的结果。

假定地表下某深度 z 处地层总应力为 p，有效应力为 σ'，空隙水压力是 μ_w，依太沙基有效应力原理，抽水前诸力满足式 (5-3)：

$$p=\sigma'+\mu_w \tag{5-3}$$

抽水过程中，随着水位下降，孔隙水压力随之下降，但由于抽水过程中土层总应力保持不变，故此，下降了的孔隙水压力值，转化为有效应力增量，因此，式 (5-4) 成立：

$$p=(\sigma'+\Delta\mu_w)+(\mu_w-\Delta\mu_w) \tag{5-4}$$

可见，孔隙水压力减少了 $\Delta\mu_w$，有效应力增加了 $\Delta\mu_w$。

有效应力的增加，可归纳为两种作用过程：水位波动改变了土粒间的浮托力，水位下降使得浮托力减小；由于水头压力的改变，土层产生水头梯度，由此导致渗透压力的产生。浮托力及渗透力的变化，导致土层发生压密或膨胀。大多数情况下，压密或膨胀属于一维变形，压密的时间延滞效应与土层的透水性质有关，一般认为，砂层的压密是瞬间发生的，而黏土层的压密是长期发生的[17]。

基坑降水引发地面沉降的现象普遍存在，尤其是在软弱土层分布地区，如长三角、珠三角地区等。因此，有必要通过回灌来抬升建筑物附近的地层水位，控制土体变形，最大限度地减少对建筑物的影响。依据《建筑基坑支护工程技术规程》DBJ/T 15-20-2016，基坑周围地面产生沉降的区域，对于软弱地层，主要在距基坑支护结构 $4H$（H 为基坑开挖深度）范围内；对于一般地层，主要在距基坑支护结构 $2H$（H 为基坑开挖深度）范围内。故可将回灌保护建筑物的必要性按建筑物距离基坑的远近划分为五个类别，每一类别的距离远近分别对应了不同的回灌保护建筑物必要性，详见表 5-5。

回灌保护建筑物必要性划分类别 **表 5-5**

类别	A 类非常必要	B 类必要	C 类较为必要	D 类可选择的	E 类不必要
软弱地层	$a\leqslant H$	$H<a\leqslant 2H$	$2H<a\leqslant 3H$	$3H<a\leqslant 4H$	$a>4H$
一般地层	$a\leqslant 0.5H$	$0.5H<a\leqslant 1H$	$1H<a\leqslant 1.5H$	$1.5H<a\leqslant 2H$	$a>2H$

注：a 为建筑物距离基坑的远近；H 为基坑的开挖深度。

5.2.3 风险损失等级

基坑开挖应保障人员安全，减小对周边环境影响，将开挖风险造成的各种不利影响、破坏和损失降低到合理、可接受的水平。基坑开挖风险宜根据风险损失进行分类，风险类型应包括：①人员伤亡风险；②环境影响风险；③经济损失风险；④工期延误风险；⑤社会影响风险。

基坑开挖风险管理，需坚持在人员“安全第一”的前提下，尽可能减少基坑开挖对周边环境（包括自然环境和社会环境）的影响，尽量降低基坑开挖造成的不必要的经济损失和工期延误。

基坑开挖风险损失等级按照不同损失的类型较难统一划分，一般以定性表示为基础，针对不同的损失类型采用量化的等级标准编制。依据《城市轨道交通地下工程建设风险管理规范》GB 50652—2011，风险损失等级标准宜按损失的严重程度划分为五个类别，详见表 5-6，工程建设人员和第三方伤亡等级标准宜按风险可能导致的人员伤亡类型与数量划分为五个类别，详见表 5-7，工程环境影响等级标准宜按建设对周边环境的影响程度划分为五个类别，详见表 5-8，经济损失等级标准宜按建设风险引起的直接经济损失费用划分为五个类别，详见表 5-9，针对不同的工程类型、规模和工期，根据关键工期延误量，工期延误等级标准宜划分为五个类别，详见表 5-10，社会影响等级标准宜按建设风险影响严重性程度和转移安置人员数量划分为五个类别，详见表 5-11。

风险损失等级标准 **表 5-6**

类别	A类	B类	C类	D类	E类
严重程度	灾难性的	非常严重的	严重的	需考虑的	可忽略的

工程建设人员和第三方伤亡等级标准 **表 5-7**

类别		A类	B类	C类	D类	E类
伤亡等级	建设人员	死亡（含失踪）10人以上	死亡（含失踪）3～9人，或重伤10人以上	死亡（含失踪）1～2人，或重伤2～9人	重伤1人，或轻伤2～10人	轻伤1人
	第三方	死亡（含失踪）1人以上	重伤2～9人	重伤1人	轻伤2～10人	轻伤1人

环境影响等级标准 **表 5-8**

类别	A类	B类	C类	D类	E类
影响范围及程度	涉及范围非常大，周边生态环境发生严重污染或破坏	涉及范围很大，周边生态环境发生较重污染或破坏	涉及范围大，区域内生态环境发生污染或破坏	涉及范围较小，邻近区生态环境发生轻度污染或破坏	涉及范围很小，施工区生态环境发生少量污染或破坏

工程本身和第三方直接经济损失等级标准 **表 5-9**

类别		A类	B类	C类	D类	E类
损失等级	工程本身	损失 1000万以上	损失500～1000万	损失100～500万	损失 50～100万	损失 在50万以下
	第三方	损失 200万以上	损失 100～200万	损失 50～100万	损失 10～50万	损失 10万以下

工期延误等级标准 **表 5-10**

类别		A类	B类	C类	D类	E类
工期延误	长期工程	延误 9个月以上	延误 6～9个月	延误 3～6个月	延误 1～3个月	延误 少于1个月
	短期工程	延误 90天以上	延误 60～90天	延误 30～60天	延误 10～30天	延误 少于10天

社会影响等级标准 **表 5-11**

类别	A类	B类	C类	D类	E类
社会影响程度	恶劣的或需紧急转移安置1000人以上	严重的或需紧急转移安置500～1000人	较严重的或需紧急转移安置100～500人	需考虑的或需紧急转移安置50～100人	可忽略的或需紧急转移安置小于50人

5.2.4 含水层透水性

含水层的透水性主要决定于含水层的岩性与结构特征。含水层的岩性组成、厚度及其物理化学成分成为确定回灌的重要因素。如果含水层具有良好的渗透能力，如砂、砾石、砂砾、碎石等，往往意味着在含水层中进行回灌是适宜的。

基坑降水回灌的难易程度与含水层的透水性直接相关，含水层的透水性越大，地下水潜在的可流动速度就越大，回灌时回灌水的侧向流动速度就会越快，相应的回灌量也会越高。

在均质含水层中，不同地点具有相同的渗透系数；在非均质含水层中，渗透系数与水流方向无关，而在各向异性含水层中，同一地点当水流方向不同时，具有不同的渗透系数值。一般说来，对于同一性质的地下水饱和带中一定地点的渗透系数是常数；而非饱和带的渗透系数随岩土含水量而变，含水量减少时渗透系数急剧减少。

渗透系数是反映含水层透水性的一个重要参数，当计算水井出水量、水库渗漏量时都要用到渗透系数数值。渗透系数的测定方法很多，可以归纳为野外测定和室内测定两类。室内测定法主要是对从现场取来的试样进行渗透试验。野外测定法是依据稳定流和非稳定流理论，通过抽水试验（在水井中抽水，并观测抽水量和井水位）等方法，求得渗透系数。

1. 实验室测定法

目前在实验室中测定渗透系数 K 的仪器种类和试验方法很多，但从试验原理上大体可分为“常水头法”和“变水头法”两种。

常水头试验法就是在整个试验过程中保持水头为一常数，从而水头差也为常数，如图 5-1 所示，试验时，在透明塑料筒中装填截面为 A、长度为 L 的饱和试样，打开水阀，使水自上而下流经试样，并自出水口处排出。待水头差 Δh 和渗出流量 Q 稳定后，量测经过一定时间 t 内流经试样的水量 V，则有：

$$V=Q\cdot t=v\cdot A\cdot t \tag{5-5}$$

根据达西定律，$v=K\cdot i$，则有：

$$V=K\cdot\frac{\Delta h}{L}\cdot A\cdot t \tag{5-6}$$

从而可得出：

$$K=\frac{Q\cdot L}{A\cdot\Delta h} \tag{5-7}$$

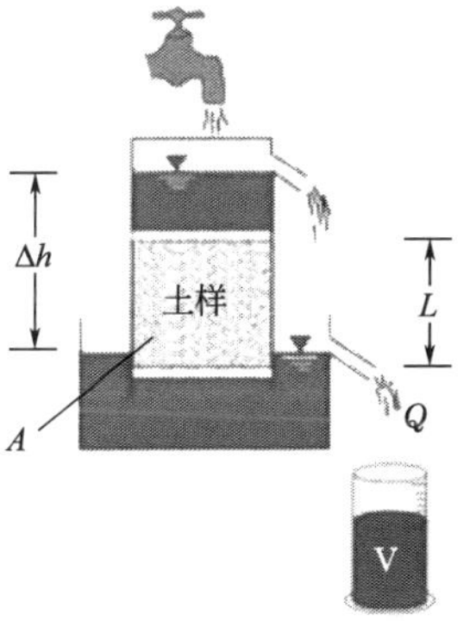

图 5-1　常水头法测定渗透系数

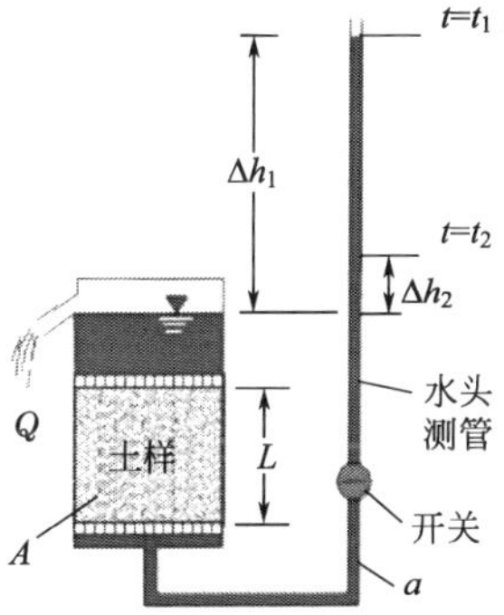

图 5-2　变水头法测定渗透系数

常水头试验适用于测定透水性大的砂性土的渗透参数。黏性土由于渗透系数很小，渗透水量很少，用这种试验不易准确测定，须改用变水头试验。

变水头试验法就是试验过程中水头差一直随时间而变化，其装置如图 5-2 所示，水从一根直立的带有刻度的玻璃管和U形管自下而上流经土样。试验时，将玻璃管充水至需要高度后，开动秒表，测记起始水头差 Δh_1，经时间 t 后，再测记终了水头差 Δh_2，通过建立瞬时达西定律，即可推出渗透系数 K 的表达式。

设试验过程中任意时刻 t 作用于两段的水头差为 Δh，经过时间 $\mathrm{d}t$ 后，管中水位下降 $\mathrm{d}h$，则 $\mathrm{d}t$ 时间内流入试样的水量为：

$$\mathrm{d}V_e = -a \cdot \mathrm{d}h \tag{5-8}$$

式中，a 为玻璃管断面积；负号表示水量随 $\triangle h$ 的减少而增加。

根据达西定律，$\mathrm{d}t$ 时间内流出试样的渗流量为：

$$\mathrm{d}V_o = K \cdot \frac{\Delta h}{L} \cdot A \cdot \mathrm{d}t \tag{5-9}$$

式中，A 为试样断面积；L 为试样长度。

根据水流连续原理，应有 $dV_e = dV_o$，即得到：

$$K = \frac{a \cdot L}{A \cdot t} \ln\left(\frac{\Delta h_1}{\Delta h_2}\right) \tag{5-10}$$

或

$$K = 2.3\frac{a \cdot L}{A \cdot t} \lg\left(\frac{\Delta h_1}{\Delta h_2}\right) \tag{5-11}$$

2. 野外现场测定法

渗水试验一般采用试坑渗水试验，是野外测定包气带松散层和岩层渗透系数的简易方法。试坑渗水试验常采用的是试坑法、单环法和双环法。

（1）试坑法

试坑法是在表层干土中挖一个一定深度（30～50cm）的方形或圆形试坑，坑底要离潜水位 3～5m，坑底铺 2～3cm 厚的反滤粗砂，向试坑内注水，必须使试坑中的水位始终高出坑底约 10cm。

为了便于观测坑内水位，在坑底要设置一个标尺。求出单位时间内从坑底渗入的水量 Q，除以坑底面积 F，即得出平均渗透速度 $v = Q/F$。当坑内水柱高度不大（等于 10cm）时，可以认为水头梯度近于 1，因而渗透系数 $K = V$。

试坑法适用于测定毛细压力影响不大的砂类土，如果用在黏性土中，所测定的渗透系数偏高。

（2）单环法

单环法是试坑底嵌入一个高 20cm，直径 35.75cm 的铁环，该铁环圈定的面积为 1000cm^2。铁环压入坑底部 10cm 深，环壁与土层要紧密接触，环内铺 2～3cm 的反滤粗砂。在试验开始时，用马利奥特瓶控制环内水柱，保持在 10cm 高度上。试验一直进行到渗入水量 Q 固定不变为止，就可以按式 $v = Q/F$ 计算渗透速度，所得的渗透速度即为该松散层、岩层的渗透系数值。

（3）双环法

双环法是试坑底嵌入两个铁环，增加一个内环，形成同心环，外环直径可取 0.5m，内环直径可取 0.25m。试验时往铁环内注水，用马利奥特瓶控制外环和内环的水柱都保持在同一高度上，例如 10cm。根据内环取的资料按上述方法确定松散层、岩层的渗透系数值。

由于内环中的水只产生垂直方向的渗入，排除了侧向渗流带的误差，因此，比试坑法和单环法精确度高。内外环之间渗入的水，主要是侧向散流及毛细管吸收，内环则是松散层和岩层在垂直方向的实际渗透。

当渗水试验进行到渗入水量趋于稳定时，可按下式精确计算渗透系数（考虑了毛细压力的附加影响）：

$$K=\frac{Q \cdot L}{F \cdot (H+Z+L)} \tag{5-12}$$

式中，Q 为稳定的渗入水量（cm^3/min）；F 为试坑内环的渗水面积（cm^2）；Z 为试坑内环中的水厚度（cm）；H 为毛细管压力，一般等于岩土毛细上升高度的一半（cm）；L 为试验结束时水的渗入深度，可通过试验后开挖确定（cm）。

依据《城市轨道交通岩土工程勘察规范》GB 50307—2012，含水层的透水性根据渗透系数可划分为五个类别，每一类别含水层的透水性分别对应了不同范围的渗透系数，详见表 5-12。

含水层的透水性 表 5-12

类别	A 类特强透水	B 类强透水	C 类中等透水	D 类弱透水	E 类微或不透水
K	$K>200m/d$	$10m/d<K\leqslant200m/d$	$1m/d<K\leqslant10m/d$	$0.01m/d<K\leqslant1m/d$	$K\leqslant0.01m/d$

注：K 为含水层的渗透系数。

5.2.5 基坑降水量与含水层储水量之比

基坑开挖，基坑的降水量与含水层的可储水量是影响基坑回灌补源区位选择的重要因素。基坑开挖时，若其降水量远大于附近地层的可储水量，则在基坑附近进行回灌的意义并不大，另择佳地进行回灌补源更为适宜；深基坑开挖时，若其附近含水层的可储水量远大于其降水量，则在基坑附近进行回灌是首选。

地下水人工回灌的储水空间要求有：具有一定的规模，如果储水空间太小，则地下水人工回灌的效益不易发挥或体现；储水介质具有良好的水力传导条件（渗透性能），利于回灌水在地下空间的扩散。

基坑开挖降水量的计算可参考《建筑与市政工程地下水控制技术规范》JGJ 111—2016，而含水层可储水量的计算公式：

$$V=S \cdot A \cdot \Delta H \tag{5-13}$$

式中，V 为所需计算的含水层可储水量；S 为含水层储水空间的介质释水系数；A 为含水层储水空间透水面积；$\triangle H$ 为含水层储水空间可储水层厚度。

根据计算所得基坑降水量与含水层储水量之比，可将回灌补源的必要性划分为五个类别，每一类别的基坑降水量与含水层储水量之比分别对应了不同的回灌补源必要性，详见表 5-13。

回灌补源必要性划分类别 表 5-13

类别	A 类非常必要	B 类必要	C 类较为必要	D 类可选择的	E 类不必要
n	$n\leqslant0.2$	$0.2<n\leqslant0.5$	$0.5<n\leqslant2$	$2<n\leqslant5$	$n>5$

注：n 为基坑降水量与含水层储水量之比。

5.3 分级标准

基坑降水回灌适宜性等级的划分需在地质适宜的基础上，遵循易于管理决策和现场实施的原则，同时，还需遵循保护水质及周边建筑物的原则。根据不同的含水层透水性划分类别和回灌补源必要性划分类别，建立地质条件适宜性分级评价矩阵，将地下水人工回灌的地质条件适宜性划分为五个等级，详见表 5-14；根据不同的风险损失等级划分类别和回灌保护建筑物必要性划分类别，建立建筑物保护分级评价矩阵，将地下水人工回灌对建筑物的保护划分为五个等级，详见表 5-15。

地下水人工回灌地质条件适宜性划分等级 表 5-14

透水性补充地下水		A类特强透水	B类强透水	C类中等透水	D类弱透水	E类微或不透水
A类	非常必要	一级	一级	一级	二级	三级
B类	必要	一级	一级	二级	三级	三级
C类	较为必要	一级	二级	三级	三级	四级
D类	可选择的	二级	三级	三级	四级	四级
E类	不必要	三级	三级	四级	四级	四级

地下水人工回灌周边建筑物保护划分等级 表 5-15

风险损失保护建筑物		A类灾难性的	B类非常严重的	C类严重的	D类需考虑的	E类可忽略的
A类	非常必要	一级	一级	一级	二级	三级
B类	必要	一级	一级	二级	三级	三级
C类	较为必要	一级	二级	三级	三级	四级
D类	可选择的	二级	三级	三级	四级	四级
E类	不必要	三级	三级	四级	四级	四级

根据地下水人工回灌地质条件适宜性划分等级（表 5-14）、水质保护划分等级（表 5-4）以及周边建筑物保护划分等级（表 5-15），建立基坑降水回灌适宜性分级评价矩阵，将基坑降水回灌的适宜性划分为五个等级，详见图 5-3。

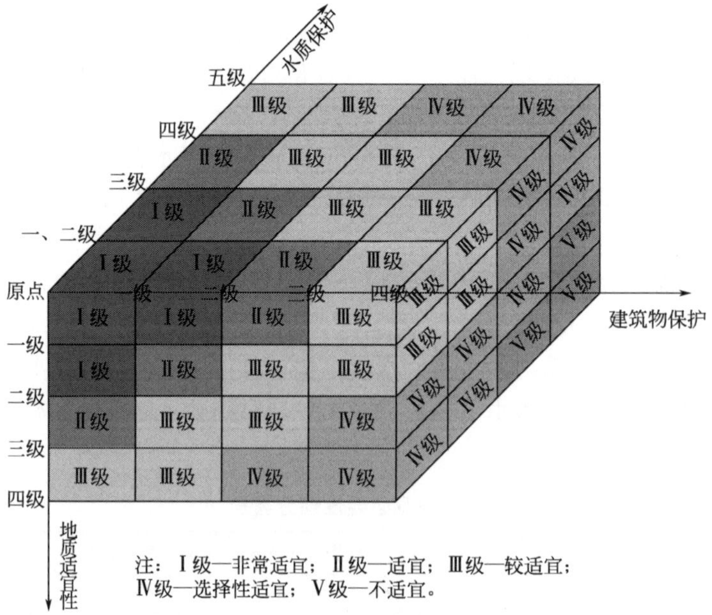

图 5-3 基坑降水回灌适宜性分级评价矩阵

根据图 5-3 易知，以基坑降水回灌地质适宜性为基础，遵循保护地下水水质及基坑周边建筑物安全原则，可进行三维化基坑降水回灌适宜性分级。

5.4 应用实例

济南某地铁车站结构总长约 340m，宽约 20m，底板埋深约 18m，车站南侧是城市主干道，北侧约 12m 外有一幢四层建筑物，为某学校教学楼，车站支护结构采用的是钻孔灌注桩加内支撑体系，钻孔灌注桩桩长约 32m，桩外采用旋喷桩止水，止水帷幕长约 21m，内支撑第一道采用的是混凝土支撑，水平间距约 9m，第二、三道采用的是钢支撑，水平间距约 3m，车站结构的典型剖面如图 5-4 所示。

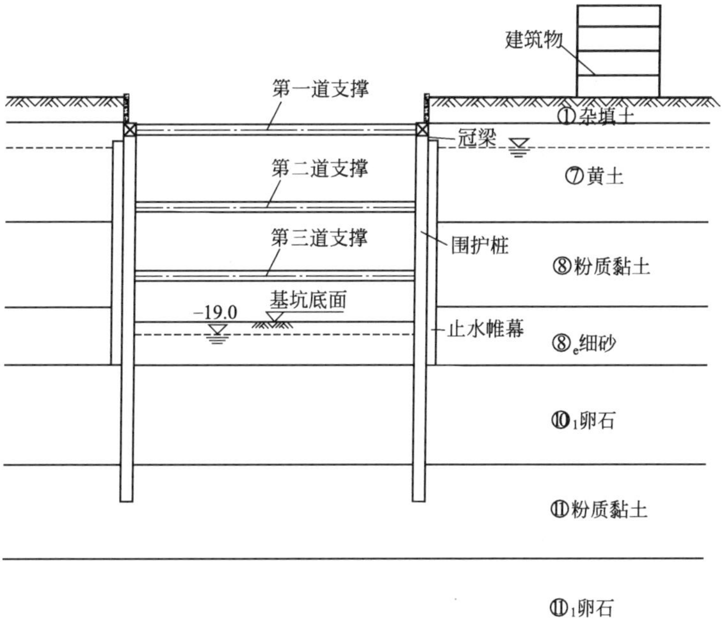

图 5-4　车站结构的典型剖面图

根据勘察资料知，车站附近地层自上而下依次为：①$_1$ 杂填土、⑦黄土、⑧粉质黏土、⑧$_2$ 细砂、⑩$_1$ 卵石、⑪粉质黏土以及⑪$_1$ 卵石，各地层的物理力学特征见表 5-16，地下水以第四系松散层孔隙潜水为主，属饮用水水源，水质较优，可直接饮用，埋深约为 4m，主要接受大气降水和地表水补给，以蒸发、地下径流以及人工开采方式排泄。

地层的物理力学特征　　　　**表 5-16**

地层	厚度 (m)	干重度 (kN/m^3)	孔隙率 (kN/m^3)	压缩模量 (MPa)	黏聚力 (kPa)	内摩擦角(°)	渗透系数 (m/d)
①$_1$	2.0	14.0	0.42	4.8	19	20	0.001
⑦	8.0	15.3	0.44	5.3	43	22	0.005
⑧	6.8	15.6	0.44	5.9	46	23	0.017
⑧$_2$	4.7	16.0	0.40	15.0	0	25	8.000

续表

地层	厚度 (m)	干重度 (kN/m³)	孔隙率 (kN/m³)	压缩模量 (MPa)	黏聚力 (kPa)	内摩擦 角(°)	渗透系数 (m/d)
⑩₁	6.2	16.8	0.35	40.0	0	35	140.0
⑪	7.6	15.4	0.44	12.5	51	25	0.020
⑪₁	8.0	17.0	0.30	45.0	0	40	150.3

根据上述工程概况，此地深基坑开挖抽出的地下水水质在二级以上；基坑北侧建筑物距离基坑约 0.67 倍开挖深度，地层非软弱土层，且北侧建筑物一旦受到危及，损失较为严重，故通过人工回灌来保护建筑物安全的等级划分为二级；根据各地层渗透系数进行加权平均，可得地层的综合渗透系数，约为 32.7m/d，属强透水层，参考《建筑与市政降水工程技术规范》JGJ/T 111—1998，计算可得基坑的降水量，约为 $19695.2m^3/d$，因含水层储水空间的透水面积非常之大，根据公式（5-13），易知含水层的可储水量近似无限。此外，考虑到济南属泉城，回灌保泉意义重大，故此基坑降水回灌补源非常必要，因此在此基坑附近进行地下水人工回灌，地质条件适宜性等级为一级。

根据上述水质等级、建筑物保护等级以及地质适宜性等级的划分，并参考图 5-3，不难确定此地基坑降水回灌适宜性的等级为Ⅰ级为非常适宜回灌。

5.5 本章小结

本章节以合理配置资源，保护周边建筑物安全，避免地下水资源出现极大浪费为出发点，以回灌水质、建筑物距离基坑远近、风险损失等级、含水层透水性以及基坑降水量与含水层储水量之比为评价指标，通过利用矩阵评价法，建立了基坑降水回灌适宜性的分级标准，这有助于基坑降水回灌适宜性的管理决策和现场实施。

参 考 文 献

[1] 云桂春，成徐州等. 人工地下水回灌 [M]. 北京：中国建筑工业出版社，2004.

[2] 刘兆昌，李广贺，朱琨. 供水水文地质（第三版）[M]. 北京：中国建筑工业出版社，1998.

[3] 戴长雷. 地下水人工补给影响因素探究 [J]. 广东水利水电，2003，12（6）：42-43.

[4] 房佩贤，卫中鼎，廖资生等. 专门水文地质学 [M]. 北京：地质出版社，1987.

[5] 王增银. 供水水文地质学 [M]. 北京：中国地质大学出版社，1995.

[6] 李涛，曲军彪，周彦军. 深基坑降水对周围建筑物沉降的影响 [J]. 北京工业大学学报，2009，35（12）：1630-1636.

[7] 莫运桃. 深井和回灌井联合系统的设计和应用 [J]. 住宅科技，2002，（9）：12-14.

[8] 姚纪华，宋汉周，吴志伟等. 基于回灌法控制深基坑降水引起地面沉降数值模拟 [J]. 工程勘察，2013，（4）：30-34.

[9] 姚辉. 回灌法在基坑降水中的设计与应用 [J]. 工程勘察，2010，（6）：35-43.

[10] 朱悦铭，瞿成松. 深基坑降水过程中的回灌分析 [J]. 中国西部科技，2011，10（12）：31-33.

[11] 冶雪艳，耿冬青，杜新强等. 工程降水中人工回灌综合技术 [J]. 世界地质，2011，30（1）：90-97.

[12] 李罡. 抗滑桩兼作景观道路基础受力分析与优化设计 [J]. 施工技术，2015，44（21）：81-84.

[13] 宁仁岐，郭莘，徐晓飞. 金力大厦深井井点降水及回灌技术 [J]. 哈尔滨建筑大学学报，1996，29

(6)：116-120.
[14] 马荣华. 苏州伊莎中心大厦二级轻型井点回灌施工技术 [J]. 施工技术，1997，(1)：70-74.
[15] 杜新强，迟宝明，路莹等. 雨洪水地下回灌关键问题研究 [M]. 北京：中国大地出版社，2012.
[16] 杨天亮，严学新，王寒梅等. 基坑施工引发的工程性地面沉降研究 [J]. 上海地质，2009，(2)：15-21.
[17] 姚天强，石振华，曹惠宾. 基坑降水手册 [M]. 北京：中国建筑工业出版社，2006.

第 6 章　场地回灌工艺

6.1　回灌方式的选择

地下水回灌方式主要有地面入渗法和井点注入法。在回灌方式的选择时，应综合考虑回灌区域施工条件、包气带及含水层性质、回灌目的层、施工管理成本等因素，选择适宜的回灌方式。以下是常用的回灌方式及其适用条件。

1. 地面入渗法

又称浅层回灌法或水扩散法，主要是利用天然的洼地、河床、沟道，较平整的草地、耕地，以及人工的水库、坑塘、沟渠或开挖水池等地面集（输）水工程设施，常年或定期引、蓄地表水，借助地表水和地下水之间的天然水头差，使之自然渗漏补给含水层，以增加含水层中地下水的储量[1]。

该种方法的优点是：施工简单、费用较低，可以更好地利用自然条件；工程运行管理方便，能够较方便的清淤，保持较高的渗透率。主要缺点是：占地面积大、单位面积的入渗效率低，而且入渗量随时间而逐渐减少。

地面入渗法的适用条件是：

（1）地形平缓、坡度小。最适宜的地形坡降为 0.002～0.04，一般适用于地形平缓的冲击河谷、山前冲积扇、平原的潜水含水层分布区，以及某些台地和岩溶河谷地区。在山区，适宜进行地面入渗法补给的地面坡降可放宽至 0.01～0.20[2]。

（2）回灌含水层应具有一定的厚度和较大的分布面积，渗透性要好。对于砂质岩层来说，回灌含水层厚度以 30～60m 最佳。当然，实际选择时，还应根据回灌用途、补给方式、回灌水源等具体情况来确定。

（3）回灌地表最好是卵石、砂土、砾石、裂隙发育等透水性较好的地层。当地表有弱透水层分布时，包气带厚度不宜超过 5m，当 5m＜厚度＜10m 时，则需适当开挖地表土层，而当＞10m 时，必须借助井点注入法进行回灌。

此外，选用地面入渗法回灌时，要注意回灌点与取水点之间应有一定的安全距离，以保证回灌水在含水层中得以更好地净化。对于砂质岩层可参考表 6-1 确定安全距离。

回灌点与取水点间的安全距离[3]　　**表 6-1**

土层名称	有效粒径(mm)	距离(m)
细砂	0.3	40
中砂	0.5～0.6	60
粗砂	1.5	100

注：距离指外围轮廓之间的距离。

2. 井点注入法[4]

即通过回灌井点将水直接注入地下含水层中的方法。井点注入法占地相对较少，受地形条件限制较弱，也不受地面厚层弱透水层分布和地下水位埋深等条件的限制。但该方法由于水量集中注入，回灌井及其附近含水层中流速较大，因此井管和含水层易被阻塞。此外，由于补给水直接注入含水层，井点注入法对回灌的水质要求较高，需专门的水处理设备、输配水系统和加压系统，工程投资和运转时的管理费用较高，管理相对复杂。根据注水方法的不同，井点注入法可分为三种情况：

（1） 自由注入法

自由注入法又称无压回灌、自流回灌，是指利用井内水位高于地下水位之间的压力差，使水通过井壁进入含水层。该方法投资较少，但效率较低。

自由注入法的适用条件：含水层必须有较好的透水性能，以利于注入水的传导；同时要求井中回灌后水位与含水层自然水位有较大的水头差，以加速回灌水源的扩散。

（2） 真空灌注法

真空回灌又称负压回灌，是指在管路密封装置下，利用真空虹吸原理产生水头差进行回灌。

真空回灌法的适用条件：适用于地下水位埋藏较深（静水位埋深大于 10m），含水层渗透性能良好的地区，对回灌井结构要求较弱，适用于滤网结构耐压耐冲强度较差，回灌量要求不大的深井。

（3） 加压灌注法

加压灌注法又称正压回灌、有压回灌，是指利用机械动力设备（如离心式水泵）进行加压，促使水流较快补给地下水。

加压灌注法的适用条件：适用于地下水位埋藏较深、透水性较差的含水层或上部有较厚隔水层的承压水层。该方法对回灌井结构要求较高，适用于滤网结构耐压耐冲强度强，回灌量要求较大的深井。

6.2 回灌井施工工艺

6.2.1 回灌工艺流程及施工要求

1. 回灌工艺流程如图 6-1 所示。

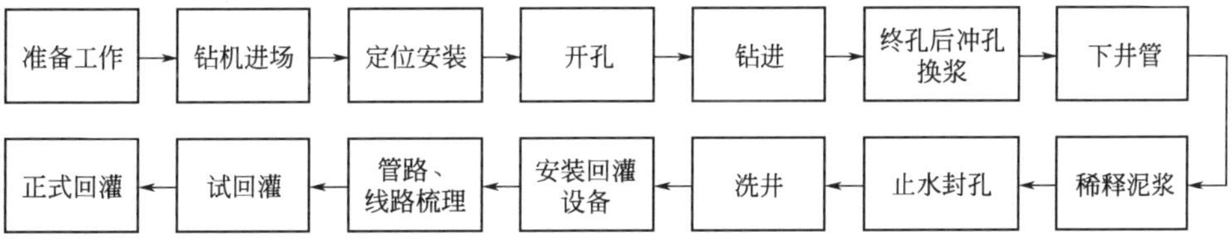

图 6-1 回灌工艺流程

2. 施工技术要求

（1） 准备工作

进场后首先组建项目经理部，落实材料和人员，进行相关技术交底、安全交底，与总包及工地上各相关单位保持密切协作。

（2）材料到位

专人负责进料，工程师核定，确保井管、过滤管、填料、黏土、混凝土等材料的质量。材料不到位不能开钻。

（3）进场、定位、埋设护孔管

具备条件后，钻机进场。钻机应安放稳固、水平、孔口中心、磨盘中心、大钩应成一垂线。井管、砂料到位后才能开钻，要求整个钻孔孔壁圆整光滑，钻进时不允许采用有弯曲的钻杆。钻孔前首先要对钻头尺寸进行确认，确保钻头尺寸满足成孔直径的要求。

（4）钻进清孔

钻进中尽量采用地层自然造浆，如果地面自然造浆难以实现可以适当地在泥浆池中加入优质黏土辅助造浆。钻进过程中泥浆比重应控制在 1.05 左右，如果遇到砂层容易产生塌孔，泥浆比重可适当调高至 1.1～1.2。整个钻进过程中要求大钩吊紧后慢慢钻进（始终处于减压钻进），避免钻具产生一次弯曲，特别是开孔时不能让机上钻杆和接头产生大幅摆动。每钻进一根钻杆应重复扫孔一次，并清理孔内泥块后再接新钻杆，终孔后应彻底清孔，直到返回泥浆内不含泥块后提钻。

（5）下井管

无缝钢管：按设计井深预先将井管排列、组合，下管时所有深井的底部按标高严格控制，并且保持井口标高一致。井管应平稳入孔，每节井管的两端口要找平。滤水管外包两层 60 目滤网。下管要准确到位。自然落下，人工稍转动落到位，不可强力压下，以免损坏过滤结构。下井管非常重要的一个环节就是焊接质量，一定要保证所有接头焊接严密，不得存在漏焊。

（6）围填砾料

一般采用循环水填砾法，填砾料前在井管内下入钻杆至离孔底 0.30～0.50m，井管上口密封后，从钻杆内用泵送泥浆进行边冲孔边逐步稀释泥浆，使孔内的泥浆从滤水管内向外由井管与孔壁的环状间隙内返浆，使孔内的泥浆密度逐步稀释到 1.03。

常用滤料如图 6-2 所示。根据实际井结构计算砾料用量，然后采取少量慢下的方法围填砾料，并随填随测填砾料的高度，直至砾料下入预定位置为止。填料具体操作要求

(*a*)　　　　　　　　(*b*)

图 6-2　常用滤料

如下：

① 应沿井口边，固定按单一方向旋转连续逐步均匀投放，投放速度宜不大于 $0.1m^3/min$；

② 宜采用铁锹或类似容积大小的物体投放，严禁用推车向井内倾倒，投料过程中严禁晃动井管；

③ 应及时测量井内滤料顶面标高，至少沿井口周长均匀分布测量点不少于 4 点，以最低点标高为准；

④ 滤料顶面标高达到设计要求时，实际投入滤料的方量应不少于理论方量的 95%。

此外，为了确保填料到位，应在井口位置放置一个污水泵，坑外填料到位后，启动井内污水泵抽水，并伴在坑外注清水，这样在井内外水流的带动下，砂料中粉细颗粒会被水流带走，能降低泥浆浓度，不会造成泥皮包裹，确保回灌井的回灌效果。待上述操作完成后，再次测量填料高度，确认填料是否到位，回灌井填料高度要严格按照设计图纸进行控制，填料完成后需静止 2 小时后再次测量确认到位后，才可以继续后续工序。

（7）止水

针对回灌井，为了防止回灌过程中水从井管壁向上冒水，导致井管内外连通，不能正常回灌。因此回灌井封孔止水是整个成井施工过程中非常重要的一个环节，关系到回灌能否正常进行。在井管外侧填砾顶部回填 5m 优质黏土至基底位置进行止水；并在优质黏土止水层以上直至自然地面全部再用素混凝土进行封孔。优质黏土应选用塑性指数不小于 20 的黏土，压制成球，晒干后球直径不大于 50mm，止水黏土球见图 6-3。黏土球使用前应按每立方不少于三组，每组不少于 0.2kg 的数量随机抽样，样品应送交具有土工试验资质的实验室进行检验。

图 6-3　常用止水黏土球

优质黏土在沉底后会发散膨胀，从而保证充填密实，保证了止水效果。具体操作要求如下：

① 应沿井口边，固定按单一方向旋转连续逐步均匀投放，投放速度宜不大于 $0.1m^3/min$；

② 应采用手工或铁锹投放，严禁用推车向井内倾倒，避免投放黏土卡在某一位置，不能确保回填密实，投料过程中严禁晃动井管；

③ 应及时测量井内黏土球顶面标高，至少沿井口周长均匀分布测量点不少于 4 点，以最低点标高为准；

④ 顶面标高达到设计要求时，实际投入方量应不少于理论方量的 150%。

回填优质黏土以上再用素混凝土填实，一直填到地面。用黏土回填止水时，黏土的块度不大于 100mm，以防止孔内架空回填不到位。不管是优质黏土还是普通黏土一定要保证回填密实。优质黏土回填止水必须严格控制，不能少填，确保止水效果。回填止水后需要静置 7 天以上才可以进行回灌。

（8）洗井

利用空压机洗井，如图 6-4 所示。回灌井洗井工作应在坑外止水封孔施工完成后立即进行，但上述填料封孔工作时间不宜过长，不得超过 2 小时，避免由于洗井不及时导致泥浆沉淀，井壁形成较厚泥皮并硬化，严重影响滤水效果和出水量。洗井应确保试抽水期间不断流。空压机洗井有一套完整的洗井设备，通过特制的洗井枪头向井底充气，通过充气将井内泥浆和井底沉渣搅动，充气的同时在井口形成负压，通过大气压力将混合的泥浆和沉渣吹出。持续一定时间，由于外界水源不断地向井内补给，泥浆沉渣不断地被带走，最后至水清砂净。

洗井的质量应符合下列要求：

① 出水量宜接近设计要求，且相隔 30min 连续两次实测出水流量，相差应不大于 10%；

② 井口出水的泥砂含量应小于 0.3‰（体积比）；

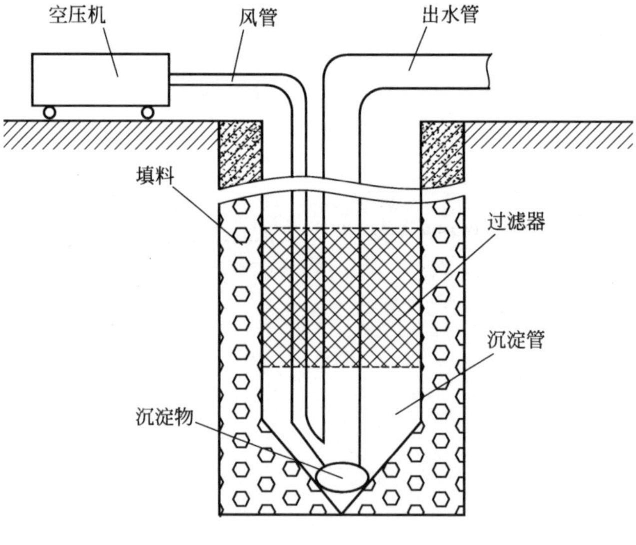

图 6-4　空压机洗井示意图

（9）井口密封

对清洗好井管的井，确保合格后，可采取多种手段对回灌井进行封闭，例如，把井管最上端用能达承压厚度的钢板焊封，循环水管在钢板上开口焊封，确保回灌井的回灌量。

（10）定期回扬

为预防和处理管井堵塞，主要采用回扬的方法，回扬是在回灌井中开泵抽排水中堵塞物。每口回灌井回扬次数和回扬持续时间主要由含水层颗粒大小和渗透性而定。在岩溶裂隙含水层进行管井回灌，长期不回扬，回灌能力仍能维持；对细颗粒含水层，回扬尤为重要，回扬时间宜为1个星期一次。济南地区某明挖基坑回灌井如图6-5所示。

图6-5　回灌井

6.2.2　滤水管选择

1. 常用滤水管

管井是井壁和含水层中进水部分均为管状结构的取水构筑物，一般由井壁管、滤水管和沉淀管三部分构成。其中，滤水管是管井最重要的组成部分，位于含水层中，上接井壁管，下连沉淀管。滤水管的主要作用是护壁、滤水、阻砂，即透水和过滤。在保证滤水管的强度前提下，要使井管透水性最大，进水阻力最小，使水最大限度地流入井内。

滤水管[5]又称过滤器、滤水器，俗称花管。抽、灌水井中，安置在含水层部位的、能透水的管。常见的滤水管主要有：桥式滤水器、龙中笼滤水管、网状滤水管、缠丝滤水管和砾石滤水管等。而桥式滤水管与其他类型的滤水管相比有以下优点：

(1) 桥形孔口的特殊结构使得砾石不易阻塞孔眼。据德国诺尔德公司试验，传统的滤水器填砾石孔隙率要降低40%，而桥式滤水器仅下降10%。所以桥式滤水器有较高的过水能力。水井经洗井除砂后可获得清洁无砂的水源。

(2) 滤水器的特殊孔形结构起到了增强滤水器机械强度的效果。因此，具有较高的机械强度。

(3) 根据用户需要，镀（涂）有不同的防腐层，可提高水井的使用寿命。

(4) 桥式滤水器系采用钢板冲孔，卷制而成，因此重量轻、价格便宜。

(5) 可采用多种连接方式，因此下管操作方便。

(6) 可根据用户要求，改变其桥孔的缝隙，使用户获得满意的桥孔隙率。

(7) 可根据用户要求，提供任意直径的桥式滤水器，极大地方便了用户。

因此，在回灌井用滤水管中，以桥式滤水管为主，如图6-6所示。

图6-6　桥式滤水管

2. 桥式滤水管规格及力学性能[6]

桥式滤水管的管径的选取与回灌井的孔径、回扬泵的最大外径尺寸以及管径的接箍情况等有关，常用的桥式滤水管规格如表 6-2 所示。

桥式滤水管的主要规格 表 6-2

公称规格(mm)	165	219	273	325	377	426	529
内径	141	198	250	300	350	400	502
壁厚	5	6	6	6	6	6	6
接箍外径	165	219	273	325	377	426	529

其力学性能如表 6-3 所示。

桥式滤水管的力学性能 表 6-3

公称规格(mm)	165	219	273	325	377	426	529
壁厚(P)	5	6	6	6	6	6	6
拉力强度(kN)	230	390	490	570	670	760	782
临界抗挤压应力(N/cm^2)	520	450	230	203	183	135	90

桥式滤水管桥的尺寸及孔隙率如表 6-4 所示。

桥的尺寸及孔隙率 表 6-4

壁厚 s(mm)	缝隙 H(mm)	桥横向间距 d(mm)	桥纵向间距 t(mm)	孔隙率(%)
5	0.75	12.75	45.5	15.5
	1			17
	1.5			21
	2			24
	2.5			26.5
6	0.75	15	52	14.5
	1			15.7
	1.5			18.9
	2			22.2
	2.5			25.7
8	0.75	16	62	13.5
	1			14.5
	1.5			17.9
	2			21.2
	2.5			24.1

3. 桥式缝隙的选择

桥式滤水管是回灌过程中最为重要的部件之一，所有的回灌水都要经桥式滤水管灌入地下含水层，而桥式缝隙是决定桥式滤水管回灌效果的关键因素之一。因此，针对不同的回灌地质条件，需选择合适的桥式缝隙。桥式缝隙在不同地质条件下的选取规格如表 6-5 所示。

桥式缝隙的选择　　表 6-5

含水层分类	砾石	粗砂	中砂	细砂	粉砂
筛分结果(mm)	1～2.5	0.5～1	0.25～0.5	0.1～0.25	0.1～0.25
桥孔缝隙(mm)	3	1.5～2	1	1	0.75
填砾规格(mm)	4～20	2～8	2～3	2～3	2～3
填砾厚度(mm)	75～100	100	100～200	100～200	100～200

6.2.3　回灌井布设原则

一般在基坑止水帷幕外，将回灌井等距布置。根据基坑降水水位下降引起地表变形允许的最小范围，确定回灌井至降水井的距离。回灌井宜尽可能地远离抽水井，一般不小于6m。回灌井的埋设深度应根据透水层的深度而定，以确保基坑施工安全和回灌效果。回灌井的结构应有利于注入的水向降水深度内渗透，回灌井的滤水管工作部分长度应大于抽水井，最好从自然水面以下直至井管底部均为过滤器。为使井结构能更好地适应回灌的要求，必须适当增大填砾厚度和加长过滤器。

回灌井数取决于基坑回灌量和单井回灌量的大小，可用公式确定：

$$n=\frac{1.1Q_{灌}}{q_{灌}} \tag{6-1}$$

式中　n——布设回灌井数；

$Q_{灌}$——基坑回灌量；

q——单井回灌量。

基坑回灌量一般等于基坑降水水位降低影响至限定边界时的基坑涌水量，可根据井流理论进行计算。单井回灌量取决于水文地质条件、成井工艺、回灌方法、压力大小等，一般宜在现场进行试验确定。

此外，根据工程实践经验，针对不同的地层应该采用不同的回灌井数量，具体的抽水井与回灌井的配置比例可参照表 6-6 布设。

不同地质条件下的地下水系统设计参数[7]　　表 6-6

含水层情况	灌抽比(%)	井的布置	井的流量($m^3 \cdot h^{-1}$)
砾石	>80%	1 抽 1 灌	200
中粗砂	50～70	1 抽 2 灌	100
细砂	30～50	1 抽 3 灌	50

6.3　降水回灌一体化设备

利用基坑降水工程抽出的地下水，经过处理满足要求后，直接用于地下水回灌。该施工方法，既能减少基坑降水工程中对地下水资源的浪费，又能补给地下含水层，保护济南泉域地下水资源，可谓一举两得。为此，众多工程师、学者力求建立一套适合济南富水卵石地层的基坑降水回灌一体化设备。基坑降水回灌一体化设备，除了基坑内降水系统之外，还包括基坑外基坑回灌用水收集管道（图 6-7）、回灌水箱（图 6-8）、变频恒压控制箱（图 6-9）、变频恒压增压泵（图 6-9）、地下水回灌水处理装置（图 6-10）等。济南大杨庄地铁车站采用的降水回灌一体化设备整体图见图 6-11。

图 6-7　基坑回灌用水收集管道

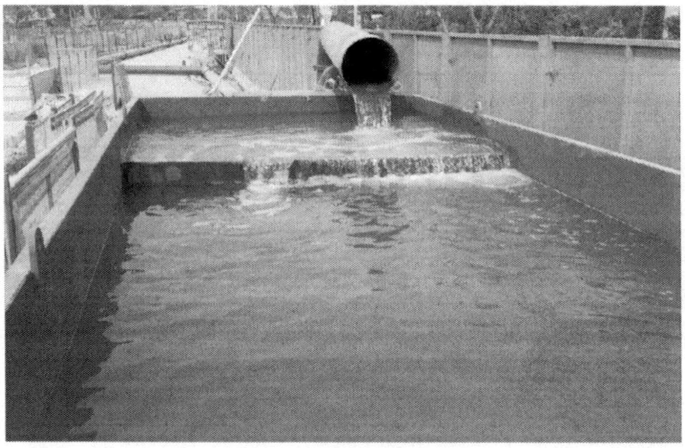

图 6-8　回灌水箱

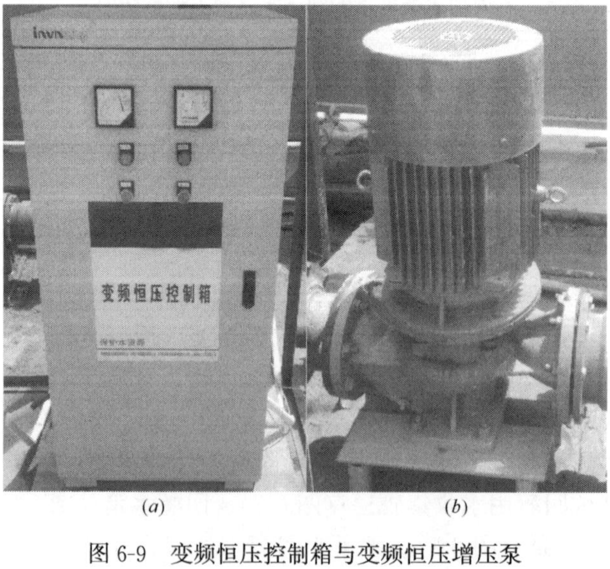

(a)　(b)

图 6-9　变频恒压控制箱与变频恒压增压泵

(a) 变频恒压控制箱；(b) 变频恒压增压泵

图 6-10　地下水回灌水处理装置

图 6-11　降水回灌一体化设备

6.4　影响回灌因素及其防治方法

地下水回灌发生堵塞会严重影响着工程的回灌效率、维护成本以及使用寿命。大量实践证明，在地下水人工回灌系统中，导致工程失败的最可能原因就是堵塞问题[8-11]。因此，针对不同的堵塞原因，采取有效的防治手段，有利于提高回灌效率，延长回灌系统的使用寿命。

6.4.1　回灌堵塞分类

回灌堵塞根据其成因可分为三类：物理堵塞、化学堵塞和生物堵塞。

1. 物理堵塞

(1) 悬浮物堵塞是地下人工回灌中最为常见的类型，悬浮物的来源主要是回灌水中携带的固体颗粒和含水层中内部产生的固体颗粒。这些悬浮物主要沉淀聚集在入渗区表面，堵塞的程度会随着表面淤积层的不断增厚而增加，而且补给水源悬浮物的含量越高堵塞越严重。

（2）气相堵塞是指回灌水在流动过程中，各类溶解性气体因温度、压力的变化不断被释放和溶解，同时生化反应也产生气体物质（如生成氮气和氮氧化合物），从而影响介质孔隙造成堵塞。

（3）压密堵塞，一般发生在地表回灌系统，理论上来说，入渗池内水位越高，水力坡度越大，入渗速度也应越大。但当入渗介质表面有颗粒或藻类等物质沉淀时，池底的入渗能力相对于表面洁净时有一定的降低，若在这种情况下，不适当的提高水位，增大水力坡度，就会使池底淤积层被压实，导致渗透性降低[12]。

2.化学堵塞

堵塞问题除了发生在入渗介质表面以外，还可能发生于含水层的内部。含水层本身构成一个物理、化学和生物环境，对地下水的化学成分起着制衡作用。回灌水迅速而集中地进入地下含水层后，急剧改变了原来水—岩作用的平衡状态，新的溶解、沉淀等反应过程不但可能导致水质变化，也极有可能改变含水介质的渗透性能。

3.生物堵塞

回灌水中主要的生物种类包括藻类、细菌等微生物群落[13]。这些微生物可能在适宜的条件下迅速繁殖，其生物体或代谢产物附着或堆积在介质颗粒上形成生物膜并导致生物堵塞，造成渗透介质的导水能力降低。生物堵塞的发生不同于物理堵塞，往往在回灌开始几天或几个星期后出现[14]，入渗介质的渗透系数在最开始的 10 天左右降低最为迅速，其后则缓缓下降[15]。

6.4.2 回灌堵塞的防治方法

根据工程实践经验，人工回灌多以井点回灌为主，防治井点回灌堵塞的因素主要应从回灌井、回灌水源水质等方面着手，常用的处理方法[16] 如下：

（1）经常检查回灌的密封效果，发现漏气及时处理；

（2）及时掌握回灌量、回扬量及地下水的动态变化；

（3）当发现有堵塞现象时，必须加强回扬，增加回扬次数，缩短回扬间隔进行处理。对堵塞较轻且滤网强度小的深井，宜采用回流回扬。堵塞较重或滤网强度大的深井，可用真空回扬及间隙反冲（间隙回扬）进行处理。若井下沉淀物已胶结，用回扬法不能处理，可加酸处理。

具体的，根据回灌堵塞类型的不同，可参照表 6-7 采取相应的处理措施。

回灌井堵塞机理及处理方法 表 6-7

堵塞类型	成因分类	成因	处理方法
物理堵塞	砂层压密	砂层扰动压密、孔隙度减小、渗透性能降低	打新井
	悬浮物堵塞	回灌水源含有飞花、泥土、胶结物、有机物等杂质被带入含水层，堵塞砂层孔隙。此种堵塞使回扬水浑浊，携带杂质和泥砂等	控制水源水质标准和回扬
	气相堵塞	回灌装置密封不严，回灌时携带大量空气造成。此种堵塞回扬水呈乳白色，夹有大量微小气泡，严重时见大量气泡，并有很浓的臭味	回扬

续表

堵塞类型	成因分类	成　　因	处理方法
化学堵塞	管道化学沉淀堵塞	水中的 Fe、Mn、Ca、Mg 离子与空气相接触所产生的化合物沉淀，堵塞了滤网和砂层空隙	回扬，酸化（HCL）处理
	管道电化学沉淀堵塞	管道和过滤器因受电化学腐蚀，水中铁质增加，堵塞了滤网或砂层的孔隙	水质监测
生物堵塞	生物化学堵塞	铁细菌、硫磺还原菌大量繁殖	回扬，加适量杀菌剂

6.5 压力回灌井井口密封

在压力回灌中，保证回灌路由的气密性是实现加压回灌的基本条件。如果密封不好，一方面会导致井管内残留气体堵塞透气孔，造成气堵，另一方面则会出现回灌水压力无法继续加压，回灌流量无法加大的情况。

因此各种回灌井的管路装置都必须达到密封要求。尤其对泵座轴、阀门轴及泵管接头、管路接头等部位，应严格密封，以防进气造成气堵现象，影响正常回灌。加压回灌还需增加泵管与井管间的密封，其密封方法和适用条件见表 6-8。

加压回灌泵管与井管间密封装置类型对比　　表 6-8

名称	密封方法	适用条件	优点	缺点
法兰圈密封	在泵管与井管之间用数层外夹有橡皮圈的法兰圈进行密封	井管与泵管间隙较大（7.5mm 以上），井管口较低的井	设备简单，不用电焊	受间隙限制，容易漏水
水泥基座密封	在井管与水泥基座间填以黄砂，三合土和碎石等，捣实后用水泥密封	井管口高于地面的深井	施工简单，节省材料	水泥易破，容易漏水
井泵座密封	井泵直接坐落在铸铁基座上，并夹有橡皮圈进行密封	井管口高于地面的深井	安装方便，密封效果好	

6.6 回灌井保养维护

（1）新建回灌井在正式运行前要求对回灌管道及水处理装置进行反复冲洗、排污，达到无脏污为止；

（2）回灌井在运行过程中，回灌量必须按照设计要求的回灌量，由小到大均匀增加，切忌一次加大至最大回灌量，导致井壁止水破坏发生井壁突涌；

（3）回灌在运行期间要经常观察压力表，发现异常要查明原因，采取相应的措施解决；

（4）回灌井在运行过程中整个系统必须处于全封闭状态，不允许有漏气漏水现象发生，如发生问题应及时封闭；

（5）回灌井应按设计要求进行定期回扬。

6.7 本章小结

本章根据济南地区基坑回灌工程施工经验，总结形成适合本地区的回灌施工工艺，详细介绍基坑回灌井施工方法、基坑降水回灌一体化设备、压力回灌井井口密封施工以及回灌井保养维护等，并就影响回灌效果的因素进行探讨分析。

参 考 文 献

[1] 房佩贤，卫中鼎，廖资生等. 专门水文地质学［M］. 北京：地质出版社，1987.

[2] Richter R C，Chun R Y D. Artificial recharge of ground water reservoirs in California［J］. Journal of the Irrigation and Drainage Division，1959，85（4）：1-28.

[3] 杜新强等. 雨洪水地下回灌关键问题研究［M］. 北京：中国大地出版社，2012. 2.

[4] 李恒太，石萍，武海霞. 地下水人工回灌技术综述［J］. 中国国土资源经济，2008，21（3）：41-42.

[5] 张志光，颜丙芹，张立文等. 管井滤水管的选择与使用［J］. 中国水利，2007（17）：64-64.

[6] 娄继国. 桥式滤水管在平原地热深井中的应用［J］. 水文地质工程地质，2000，27（5）：44-46.

[7] 赵建康，张勇，崔进. 压力回灌技术在水源热泵系统中的应用研究［J］. 探矿工程：岩土钻掘工程，2010（3）：55-58.

[8] Barrett M E，Taylor S. Retrofit of storm water treatment controls in a highway environment［C］// 5th in International conference on sustainable techniques and strategies in urban water management，Lyon，France. 2004：243-250.

[9] 孙颖，苗礼文. 北京市深井人工回灌现状调查与前景分析［J］. 水文地质工程地质，2001，28（1）：21-23.

[10] Lindsey G，Roberts L，Page W. Inspection and maintenance of infiltration facilities［J］. Journal of Soil and Water Conservation，1992，47（6）：481-486.

[11] Bouwer H. Artificial recharge of groundwater：hydrogeology and engineering［J］. Hydrogeology Journal，2002，10（1）：121-142.

[12] 黄大英. 淤堵对人工回灌效果影响的试验研究［J］. 北京水利科技，1993（1）：24-32.

[13] 北京市地质局水文地质工程地质大队. 地下水人工补给［M］. 北京：地质出版社，1982：170-171.

[14] Rinck-Pfeiffer S，Ragusa S，Sztajnbok P，et al. Interrelationships between biological，chemical，and physical processes as an analog to clogging in aquifer storage and recovery（ASR）wells［J］. Water Research，2000，34（7）：2110-2118.

[15] Seki K，Miyazaki T，Nakano M. Effects of microorganisms on hydraulic conductivity decrease in infiltration［J］. European Journal of Soil Science，1998，49（2）：231-236.

[16] 曹勇，于丹. 井水源热泵系统故障检测及解决办法［J］. 制冷空调与电力机械，2007，4：014.

第 7 章　基坑回灌工程设计

7.1　概述

由于国内目前没有关于回灌保泉的设计规范，探讨济南富水地层回灌工程的设计方法，对确保济南轨道交通建设的安全进行，保护济南泉域地下水资源具有重要的指导意义。基于本研究开展的基坑回灌试验研究，本章从济南地区基坑回灌工程的设计原则及流程、回灌试验目的及计算方法、回灌设计内容、回灌系统组成及作用等角度，阐述适合济南地区的回灌设计方法。

7.2　基坑回灌设计的原则及流程

基坑回灌设计是指系统布置回灌井的数量及空间位置，确保基坑内抽出的地下水回到抽水目的含水层中，抽水与回灌管路系统布置，水质合格，确保抽出的水能有效进入回灌管路中，基本进入目的含水层中。

7.2.1　回灌设计原则

（1）济南基坑施工降水期间，应同步实施坑外地下水回灌，不同工况条件下回灌量应满足大于最大的抽水量 80％的要求；

（2）地下水回灌应考虑回灌对周边环境的影响，回灌期间地下水位变化不能对基坑自身以及回灌井周边建筑物、地下管线、地面道路等造成不利影响；

（3）回灌设计依托于现场的回灌试验，以明确回灌压力、回灌量、回灌影响范围等参数。

7.2.2　基坑回灌设计流程

1.资料收集

区域工程地质及水文地质资料、围护设计资料、基坑施工工况、周边环境情况。

2.地下水回灌预分析

通过现有资料初步分析基坑开挖期间的地下水控制要求和回灌要求，理清回灌设计思路，在此基础上确定进行专项回灌试验内容。

3.专项的水文地质回灌试验

专项的水文地质回灌试验目的如下：

（1）确定含水层地下水初始水位，水文地质参数（水平渗透系数、垂向透系数、储水率等），含水层间的水力联系等。

（2）提供单井设计回灌量及回灌设计总量。

（3）进行相应的基坑环境水文地质评价，提出基坑工程地下水控制地下水补偿措施的回灌方案。

4. 基坑工程回灌设计

通过前述资料，建立基坑工程三维地下水数值模型，利用模型进行抽水井和回灌井的综合设计分析，水位计算预测结果应满足坑内水位控制值，回灌设计满足回灌量要求。回灌设计包括回灌井、观测井的平面布设及回灌井结构设计。

5. 基坑工程回灌运行控制试验

基坑开挖期间，开挖工况不同，抽水井与回灌井运行的数量也有明显的差异，同时受地层差异及施工水平所限，在正式运行前需进行回灌运行控制试验，以确定正式降水运行时的回灌井运行计划。

6. 基坑工程回灌运行控制方案

在运行控制试验基础上，正式确定各工况条件下回灌井的运行方案，包括回扬措施、监测运行控制要求等。

7.3 基坑工程回灌试验目的及计算

（1）回灌方法分为加压回灌和常水头无压回灌两种。

（2）回灌方法的选取应结合现场地层情况、回灌率要求、回灌井周边环境、回灌井距离基坑位置综合确定。

（3）回灌试验在抽水试验基础上进行。

7.3.1 回灌试验目的

（1）通过不同回灌井结构及回灌压力试验，选出最佳回灌井结构及回灌压力；

（2）回灌井数量计算时可把回灌过程看作是抽水的逆过程，根据抽水试验进行单井回灌量的估算；

（3）根据回灌试验，明确抽水井与回灌井的设置比例，原则上坑内承压水水位保证达到安全水位，回灌量为抽水量的80％以上；

（4）应通过现场回灌试验验证回灌井计算是否满足要求。

7.3.2 基于三维地下水渗流分析的回灌试验分析计算公式

回灌试验指导和结果分析依赖于三维地下水渗流计算公式分析。尤其在地层复杂及含水层受到止水帷幕等影响时，通过三维地下水渗流分析，依据回灌试验结果，实现回灌设计。

1. 地下水运动数学模型

根据实际水文地质概念模型，建立下列与之相适应的三维地下水运动非稳定流数学模型：

$$\begin{cases}\dfrac{\partial}{\partial x}\left(k_{xx}\dfrac{\partial h}{\partial x}\right)+\dfrac{\partial}{\partial y}\left(k_{yy}\dfrac{\partial h}{\partial y}\right)+\dfrac{\partial}{\partial z}\left(k_{zz}\dfrac{\partial h}{\partial z}\right)-W=\dfrac{E}{T}\dfrac{\partial h}{\partial t}\cdots\cdots\cdots\cdots & (x,y,z)\in\Omega\\ h(x,y,z,t)\big|_{t=0}=h_0(x,y,z)\cdots\cdots\cdots\cdots\cdots\cdots\cdots\cdots\cdots\cdots\cdots\cdots & (x,y,z)\in\Omega\\ h(x,y,z,t)\big|_{\Gamma_1}=h_1(x,y,z,t)\cdots\cdots\cdots\cdots\cdots\cdots\cdots\cdots\cdots\cdots & (x,y,z)\in\Gamma_1\end{cases}\tag{7-1}$$

式中 $E=\begin{cases}S & 承压含水层\\S_y & 潜水含水层\end{cases}$；

$T=\begin{cases}M_k & 承压含水层\\B_k & 潜水含水层\end{cases}$；$S_s=\dfrac{S}{M}$；

S——储水系数；

S_y——给水度；

M——承压含水层单元体厚度（m）；

B——潜水含水层单元体地下水饱和厚度（m）。

k_{xx}，k_{yy}，k_{zz}——分别为各向异性主方向渗透系数（m/d）；

h——点（x，y，z）在 t 时刻的水头值（m）；

W——源汇项（$1/d$）；h_0 为计算域初始水头值（m）；

h_1——第一类边界的水头值（m）；S_s 为储水率（1/m）；t 为时间（d）；

Ω——计算域；

Γ_1——第一类边界。

对整个渗流区进行离散后，采用有限差分法将上述数学模型进行离散，就可得到数值模型，以此为基础编制计算程序，计算、预测回灌引起的地下水位的时空分布。

2.渗流数值模型建立

根据已有的区域工程地质水文地质条件、岩土工程勘察报告、钻孔资料，建立渗流数值模型。

模拟区平面范围按下述原则确定：以基坑为中心，边界布置在降水井和回灌井回灌影响半径以外。

（1）含水层的结构特征

根据研究区的几何形状以及实际地层结构条件，对研究区进行三维剖分。根据研究区工程地质及水文地质特性等信息，对水文地质概念模型进行建模。网格立体剖分参见图 7-1。

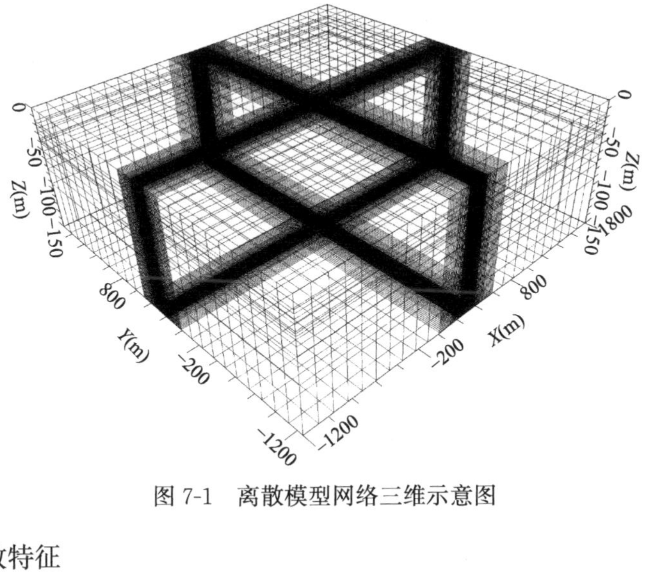

图 7-1　离散模型网络三维示意图

（2）模型参数特征

根据前期勘察报告和经验参数，对模型进行初始赋值。

（3）水力特征

地下水渗流系统符合质量守恒定律和能量守恒定律；含水层分布广、厚度大，在常温常压下地下水运动符合达西定律；考虑浅、深层之间的流量交换以及渗流特点，地下水运动可概化成空间三维流；地下水系统的垂向运动主要是层间的越流，三维立体结构模型可以很好地解决越流问题；地下水系统的输入、输出随时间、空间变化，参数随空间变化，体现了系统的非均质性，但没有明显的方向性，所以参数概化成水平向各向同性。

综上所述，模拟区可概化成非均质水平向各向同性的三维非稳定地下水渗流系统。模拟区水文地质渗流系统通过概化、单元剖分，即可形成地下水三维非稳定渗流模型。

（4）重要参数处理方式

① 减压井、回灌井处理

在三维渗流模型中，降水井、回灌井可以设置过滤器长度、出水量等参数。

② 边界条件处理

在基坑降水和回灌模拟中，模型边界在降水和回灌影响边界以外。故可将模型边界定义为定水头边界，水位不变。

7.4 基坑工程回灌设计

基坑工程地下水回灌设计包括：回灌井井结构、回灌井平面布置，基于三维地下水渗流分析的回灌设计计算和回灌井运行控制设计。

7.4.1 回灌设计依据

（1）岩土工程详细勘察资料；

（2）基坑工程的平面图、剖面图，包括相邻建构筑物位置及基础资料、周边影响范围内地下供排水管线、热力管线、燃气管道、电缆及其他人防等隐蔽工程的平面分布和埋深；

（3）基坑围护设计方案；

（4）现场回灌试验资料；

（5）基坑降水方案；

（6）现场回灌实施条件；

（7）回灌技术要求，包括回灌量、回灌水质要求、回灌压力、回灌时间、回扬控制标准、工程环境影响等。

7.4.2 回灌风险源及风险控制

1. 回灌主要存在以下风险源

（1）地下水水质污染；

（2）水位回升过高，导致基坑抽水量加大或导致坑底突涌；

（3）回灌井布置集中，导致回灌对围护结构产生侧向压力，加大围护结构变形，导致基坑围护结构发生渗漏；

（4）回灌量小，导致地下水资源大量浪费，不能达到对地下水预期保泉要求；或是由于回灌量小导致基坑周边沉降加大，不能达到周边环境预期保护要求；

（5）回灌井的保护。

2. 回灌工程风险控制

（1）采用封闭回路回灌，利用坑内抽出地下水作为回灌水源；

（2）实时关注水文观测井及围护结构变形以及周边沉降监测数据，结合回灌率要求以及坑外沉降数据实时控制回灌井的开启与关闭；

（3）配备一定数量的备用井，一般只做观测，在紧急情况下可以开启使用；

（4）实时关注坑内抽水情况，一旦坑内出水量加大应调整坑外回灌量；

（5）应采用自动化的监测手段，缩短应急反应时间；

（6）加大人工巡视力度，重点环节应重点关注；

（7）应统筹管理，做到回灌。

7.4.3 基坑降水中回灌设计目的

为了确保基坑开挖实施降水，回灌设计的主要目的，是针对基坑降水导致含水层地下水水量损失，实施回灌，实现水均衡，达到含水层水量平衡。

7.4.4 回灌井井数初步计算

（1）回灌井数量计算时可把回灌过程看作是抽水的逆过程，根据回灌试验进行单井回灌量的估算，根据回灌试验确定最大回灌量；

（2）明确抽水井与回灌井的设置比例，原则上坑内承压水水位保证达到安全水位，回灌量为抽水量的80%以上；

（3）应通过现场回灌试验验证回灌井计算是否满足要求。

（4）在工程设计中为解决回灌井堵塞而进行回扬，并考虑到应急储备，回灌井应有20%的备用井。

（5）根据基坑降水井结构，计算总涌水量，并预估单井回灌量，然后初步计算回灌井数量。

非完整井可采用经过试验识别检验的三维渗流模型初步计算回灌井数量。

完整井的水位抬升值可通过式（7-2）求得：

$$S=\sum_{i=1}^{n}s(r_i,t)=\sum_{i=1}^{n}\frac{-Q_{pi}W(u_i)}{4\pi T} \tag{7-2}$$

式中 $s(r_i,\ t)$——回灌井 i 回灌时任一点任意时刻的水位抬升值（m）；

$W(u_i)$——泰斯井函数，$u=\dfrac{r^2}{4at}$，$W(u)=\int_u^{\infty}\dfrac{e^{-x}}{x}\mathrm{d}x$；

Q_{pi}——回灌井 i 的回灌流量（m^3/d）；

T——含水层导水系数（m^2/d）；

当水位抬升值 S 接近水位抬升允许值时，所对应的回灌管井数量 n 为回灌井开启数量。在工程设计中为解决回灌井的措施回扬及回灌井的备用井，设计回灌井数量为：

$$N=K_{\alpha}n \tag{7-3}$$

式中 N——回灌井设计数量；

K_{α}——回灌井设计安全系数，其值的选取根据土层特征及施工工况确定，一般1.2；

n——回灌井理论计算量。

7.4.5 回灌管井平面布设

通过上述计算获得回灌井的初步数量后，开始进行回灌井井平面布设、井结构设计和回灌观测井设计。

影响回灌井平面布设的主要因素包括以下几点：

1. 回灌井群设置

(1) 回灌井设置的目的是控制区域地下水尤其保护性泉水区水位，因此首先必须明确需要保护的泉水区位置，确保回灌井做到有的放矢。

(2) 按保护区域的范围，回灌管井可以按“群”布设，并尽量布设在基坑沿地下水下游区域，以免对基坑降水区域影响较大。

(3) 回灌井的平面布设还应考虑便于回灌水路的铺设和回灌井及回灌水路的保护。

2. 回灌目的含水层回灌量的控制要求

回灌井的数量控制是按回灌量要求控制进行的，因此回灌井间距的布设与回灌目的含水层的地下水流失和补偿要求有关。根据式 (3-1)，完整井状况下，在已知回灌量的条件下，可通过试算法初步确定回灌井的数量和井间距，非完整井状况下，可依据渗流方程及相应边界条件，建立数值模型，以进一步优化分析回灌井的间距和数量。

3. 回灌目的含水层的空间分布和相应水文地质参数

回灌目的含水层的空间分布和相应水文地质参数将直接影响回灌井回灌量的设计，进而影响回灌井间距和回灌井的数量。

4. 现场施工条件

(1) 回灌井的设计是基于地下水流场的再分布设计，因此回灌井的设计必须综合考虑含水层的分布和回灌井之间的距离、上下含水层之间弱透水层的透水性等因素。

(2) 回灌井平面布置也要考虑回灌滤管的设置。

5. 回灌观测

(1) 回灌井设计过程中应同时设置观测井；

(2) 回灌系统运行过程中，现场作业人员应做好各回灌参数的记录，包括回灌量和回灌压力等；

(3) 回灌系统运行过程中，做好水质监测，对于水处理装置处理后的回灌水源应进行定期监测，发现指标不满足要求时应立即停止回灌，立即进行水处理装置的内部清洗及维护。

7.4.6 回灌井井结构设计

为保证回灌效率，需采用回扬措施，即地下水回灌一般均具有灌采、吸压的双重作用性质。因此其回灌井的结构有别于一般的工程降水井。

水文地质条件是回灌井滤管设计的前提和基础，渗透系数、含水层初始水位、含水层和弱透水层的分布等参数直接决定着不同滤管类型情况的回灌效果。

回灌井结构一般由井壁管、过滤器、沉淀管、填砾层、止水层及注浆封填段等部分组成。

(1) 回灌井过滤器直径应不小于上部不透水的井管直径；优先采用双层过滤器，内层过滤器最小直径不得小于 273mm，外层过滤器最小直径不得小于 325mm。孔径应大于过滤器外径 350mm 以上；

(2) 回灌井深度及过滤器长度应根据地层情况并结合回灌试验结果确定。过滤器底部应设置 0.5～1.0m 与上部井管同直径的沉淀管，沉淀管长度设定应视工程的重要性和回灌时间等因素确定；

(3) 回灌井过滤器形式优先选用双层缠丝过滤器，双层缠丝过滤器材质为钢管，孔隙率＞15％，双层缠丝填粒，外层缠丝管缠丝间距 1～2mm、丝宽 2mm、丝厚 3mm、肋筋厚 2.7mm，梯形、箍筋 2.2mm，梯形，内层缠丝间距、丝宽同外层尺寸一样，两层管直径相差 3～6cm；

(4) 井管外侧回灌目的层处应设置过滤层，过滤层高度大于过滤器长度，采用与含水层颗粒级配相匹配的石英砂作为填充料，防止地层砂进入井内；

(5) 井管外侧过滤层上部应设置止水层，在过滤层上部 5m 用优质高膨胀性黏土球填入作为第一道止水层，防止上部地下水与下部回灌目的层连通，影响回灌效果，在 5m 黏土球上部至井口 2m 下全部用 C20 或更高标号混凝土充填并振击密实或压膨胀水泥浆止水，防止回灌井加压回灌时，以防地下水从薄弱的止水层冒水，影响正常回灌。

7.4.7 回灌井运行控制设计

基坑回灌设计应注重概念设计，合理选择计算模型和设计参数，同时强化施工质量控制和地下水回灌运行的动态管理。运行控制设计包括以下几点：

1. 回灌设计控制指标

济南基坑施工降水期间，基坑工程回灌运行控制的指标是同步实施坑外地下水回灌，回灌量应满足大于抽水量 80％的要求。

2. 回灌井启动时间的设置

抽灌应同步进行，但其抽水流量及回灌流量的确定应通过计算分析后确定。

3. 回灌水源水质要求

(1) 选用基坑内抽出的地下水作为回灌水源，基坑内抽出的地下水应进行水处理并且水质分析满足要求后，方可作为回灌水源；

(2) 回灌水源水质应符合抽水含水层同层的没被污染的地下水的水质标准，防止回灌水质不好的水源二次污染地下水；

(3) 回灌水中不应含有能够使井管及滤水管腐蚀的特殊离子或气体。

4. 回灌运行

(1) 必须定期对回灌井进行回扬冲洗；

(2) 回灌过程中，要求排除井内空气，要求在井口盖板上安装排气阀，当水从排气阀大量出水后，才可以关闭排气阀；

(3) 回灌系统中安装压力表及流量计，回灌量与压力要由小到大，逐步调节到适宜压力；

(4) 回灌井口要求密封，确保回灌时不漏水，同时回灌压力不宜过大，当回灌流量不明显增加时，回灌压力最好不要增加，否则回灌井周围易产生突涌，从而破坏回灌井结构；

（5）回灌井成井后应立即抽水，并且井外回填宜在数天抽水后进行，确保回填密实性较好。

（6）回灌水体必须干净，不能含有污染物质，否则会污染地下水；

（7）回灌水体内不能有固体物质（如砂、土及其他杂质等），否则会影响回灌效果。

5.回灌井保养维护

（1）新建回灌井在正式运行前要求对回灌管道及水处理装置进行反复冲洗、排污，达到无脏污为止；

（2）回灌井在运行过程中，回灌量必须按照设计要求的回灌量，由小到大均匀增加，切忌一次加大至最大回灌量，导致井壁止水破坏发生井壁突涌；

（3）回灌在运行期间要经常观察压力表，发现异常要查明原因，采取相应的措施解决；

（4）回灌井在运行过程中整个系统必须处于全封闭状态，不允许有漏气漏水现象发生，如发生问题应及时封闭；

（5）回灌井应按设计要求进行回扬。

6.回扬控制

回灌流量不变的情况下，随着回灌时间的增加，回灌压力将逐渐增加，当回灌管井井壁压力超过一定值时会出现回灌井井壁冒水的现象。

同时受限于密集的建筑群和复杂的地下设施的影响，为避免因回扬形成土层的二次不利变形，回扬控制应受到严格的限制，防止回扬期间保护建筑区的地下水水位变幅过大。

鉴于上述两点分析后认为，应在充分考虑回灌压力增长速率及回扬时间间隔的基础上，确定回扬控制。

（1）回扬控制方法

① 先在设计回灌压力和回灌压力增长速率基础上确定回扬启动时的回灌压力预警值，当超过该预警值时即开启回扬泵，避免回灌井并壁冒水等破坏；

② 回扬应按多次短时控制，即每次回扬应尽量短，按5～15min考虑，回扬后停止10～30min，再重复回扬，当回扬再次启动出水干净时，可停止回扬，进入回灌控制模式。

（2）回扬控制标准

① 回扬目的也就是对回灌井进行抽水，要求达到滤水管通畅；

② 回灌井应进行定期回扬，以确保回灌效率；

③ 回扬采用双控标准，一是根据时间进行控制，一般情况15天左右应考虑回扬一次，另一标准为根据回灌量进行回扬控制，随着回灌的进行，滤水管被逐渐堵塞，回灌水量衰减，一般回灌水量衰减至初始回灌量的60％时应考虑进行回扬；

④ 回扬应根据具体情况进行严格控制，如回灌井周边有需要保护的建构筑物和管线，受抽水影响较大时，一次回扬时间应尽量缩短，一般不超过30min，且回扬不应集中进行，应进行跳跃式回扬。如周边环境对回扬抽水没有要求，则一次回扬时间可延长，确保回扬抽水地下水达到水清砂净的标准；

⑤ 回扬过程中，防止超降，并且要有回灌井接力替代，确保回扬期间回灌效果。

7.5 深基坑工程回灌系统组成及作用

7.5.1 回灌系统的组成

基坑回灌系统包括基坑回灌设计、运行系统和基坑回灌监测系统，其中基坑回灌设计、运行系统又主要包括回灌井井结构系统、地下水水质处理系统、抽灌管路系统以及监测系统。

回灌井井结构工艺系统：合理的井结构及正确的成井施工是确保有效回灌的前提，是整个回灌系统工艺的核心环节。

回灌井井结构系统需满足以下目的：

① 济南地下水包括了孔隙水含水层、裂隙水含水层、岩溶水含水层，各含水层地下水水质差异较大，在不同含水层回灌期间必须在回灌井井壁做好隔水措施，防止因化学成分的不同而污染其余含水层。同时在加压回灌时，为防止井壁冒水，在井结构设计前期应采取相关措施。

② 满足结构的稳定性，井管强度必须满足相应深度的土压力，还需同时满足抽灌条件下的应力变化。

③ 满足回灌设计效果，达到保护建（构）筑物区水位要求。

基坑回灌设计、运行系统还包括以下子系统：

（1）水质处理子系统

利用降水抽取出的地下水（简称原水），可大大节约水资源；同时利用原地层中的地下水在略加处理的情况下，即可减缓回灌管井的堵塞，同时也能避免污染含水层。

（2）抽灌管路子系统

管路系统包括 4 个部分：抽水井至原水处理系统，原水处理系统至回灌井，原水处理系统的反冲管路，回灌井的回扬管路。各部分管路设计必须依据各路线流量合理设计管路大小及仪器。

（3）水位水量监测子系统

水量补偿要求：基坑开挖降水期间实施回灌，达到含水层水均衡。必须在基坑内、保护建筑物区和回灌区域设置有效的水位水量观测系统，利用其数据指导回灌运行控制。回灌监测系统是整个回灌工艺的眼睛，是回灌运行控制的导向标，是回灌系统中必不可少的一部分。

7.5.2 基坑回灌系统作用

（1）通过地下水的回灌，可有效补偿含水层的地下水中由于基坑降水引起的水量损失。

（2）回灌监测系统的设置为地下水回灌流量方面提供现场直接指导，便于现场的回灌控制。

（3）回灌水源来自基坑工程中抽取出的地下水，确保自然生态系统中地下水资源的相对平衡。

(4) 通过水质处理系统的设置，可避免回灌含水层的污染，同时也可以大大降低回灌井的堵塞。

(5) 水质处理系统的反冲洗管路确保了水质处理系统的持续利用性。

(6) 回灌井结构系统可确保在适当压力回灌条件下不出现井壁冒水，确保一定的回灌流量。

(7) 回灌井结构系统隔断回灌井周围不同含水层，防止不同含水层间的水质污染。

7.6 本章小结

本章从济南地区基坑回灌工程设计的角度出发，依次介绍济南基坑回灌的设计原则、设计内容、回灌井系统等，详细介绍回灌井井数计算、平面布置、井结构、运行控制等，并对回灌水源、回灌观测、回扬控制标准提出要求。

第 8 章 回灌运行

8.1 回灌运行中水量和水位的控制

基坑开挖时，为了降低开挖土层中可能引起基坑底板承压水突涌的含水层水位，往往采用降水施工来降低基底地下水位[1,2]。基坑降低地下水位后，土壤产生固结，会在抽水影响半径范围内引起地面和建（构）筑物产生不均匀沉降、倾斜、开裂等现象[1-6]，给周围已有建筑物带来一定程度的危害。

降水施工时，为避免周围建筑物过大的沉降，采用井点回灌是一种有效的措施。在抽水影响半径范围内，建筑物的附近预先钻置一排孔，降水施工前，将钻孔内的水位勘查清楚并记录。降水施工时，向钻孔内灌水，保证原地下水位不变。

回灌井回灌水量的大小对回灌成功与否至关重要。回灌水量过小，则基坑外围地下水位下降，导致邻近建筑物的沉降[2]；回灌水量过大，则会浸泡邻近建筑物地基，增大了抽水井的负荷。为了保证良好的回灌效果，需要在回灌井之间间隔布置一些观测井，降水前记录回灌井中的地下水位。抽水回灌时，通过对回灌水量的调整控制基坑外围地下水位，使之与原回灌井中地下水位保持一致。

回灌运行中的水位包括微观上的水位和宏观上的水位。由于回灌地层的渗透性差异、回灌过程中的物理、化学、生物堵塞等因素的影响，微观上的水位远远要高于宏观上的水位。

微观上的水位主要指具体到每口回灌井中的水位。如果该水位过高，说明该回灌井瞬时饱和，回灌水量过快、过大，需经过一段时间的渗透才能继续回灌，否则回灌水会从井口溢出，甚至破坏回灌井结构。该水位的控制主要通过井口安装的水位测量仪器反馈后，由人工或自动开/闭回灌水管路阀门来控制。此外，微观水位只能反映出回灌点瞬时水位情况，并不能代表真正回灌入地层的水位变化情况。

宏观上的水位主要是指回灌影响半径内的自然水位变化情况，也即降水前基坑外围的地下水原始水位。该水位的监测需在回灌影响半径的区域内按一定间距布置若干观测井，通过观察观测井内的水位，综合评估宏观水位情况。由于宏观水位的变化相对于微观水位来说所需时间较长，因此，对于宏观水位的控制要综合考虑回灌水量及地层渗透性等因素，整体设计回灌井数量、分布位置、回灌系统供给水量等。

8.2 回灌系统运行管理

根据地层的性质及其他客观限定条件，回灌的方式主要有地面入渗法和井点灌注法，由于地面入渗法受地质条件限制较严格，所以，井点灌注法[7,8] 是现行的主要回灌方式。

对于井点回灌来说，需注意以下几方面：

（1）回灌水源：结合保泉回灌的思路，回灌水源主要以基坑内抽水井的地下水作为回灌水，地下水必须经过过滤处理后达到回灌水质要求方可进行回灌使用；

（2）回灌量确定：回灌量应该根据出水量及实地回灌试验来确定，一般初定为 1～1.5m^3/h。

（3）回灌过程中由于水源中细小颗粒容易堵塞回灌井的滤水管，因此需要针对回灌井进行定期的回扬处理，回扬时间一般为每 3 天一次，一次回扬时间不宜过长，一般控制在 1 小时以内。回扬时应详细记录和测定静水位、动水位、灌水值、出砂量等；

（4）回灌过程中，要时刻关注回灌井内的变化，并根据回灌井中出现的异常现象，采取相应的处理措施，以免造成大的事故，具体的可参照表 8-1 深井回灌中常见事故及处理方法。

深井回灌中常见事故及处理方法　　表 8-1

事故名称	产生原因	处理方法
出少量粉细砂	由于回灌时改变了抽水井的水流方向，使砂层受到冲动，部分过滤层受到破坏，使地层中少部分细砂透过人工滤层和滤网孔隙进入井内，随回扬水流出井外	一般进行长时间抽水，出砂现象可停止，不必处理
大量出粉细砂夹中砂	深井回灌量过大，水流速度较快，使部分人工砂冲向表面，填砂高度不断下降至过滤器顶端以下造成回扬涌砂	1. 停灌和减少灌入量，间隔 3～5 天，进行少量回流回扬，以使滤层重新排列； 2. 加设补砂管补充人工砂
大量出回填砂与地层砂	滤网破裂（因滤网强度低，回灌压力大或滤网长期遭受腐蚀造成）	1. 吊泵，修井补套； 2. 减少回扬次数，到回灌结束再修井
水质变坏	回灌水中含有有机物，由于老井的滤水管橡皮腐烂及地下水中的有机物质腐烂发臭。一般发生在回灌井周围，影响范围不大	1. 作好管路密封，保证回灌水质标准，严禁脏水、脏物流入井内； 2. 连续回扬，抽净臭水或加漂白粉处理； 3. 停灌期间要定期回扬，每次把脏水抽净

在回灌系统运行过程中，除了以上必须注意的事项外，还要了解一些典型的回灌系统的运行管理方式。下面主要介绍井点灌注法中的真空回灌系统和加压回灌系统在回灌运行中的常规管理方法。

1. 真空系统回灌管理

真空回灌的操作程序为：

（1）关闭进水阀门，打开出水阀门和控制阀门；

（2）开泵回扬至清水；

（3）拉真空停泵，关闭出水阀门和控制阀门；

（4）打开进水阀门，再缓慢打开控制阀门；

（5）调节回灌量，正式回灌；

（6）记录回灌量、水温、真空度等。

真空回灌过程中必须注意：

(1) 保证管路系统的密封;

(2) 定期回扬冲洗，一般一天回扬 1～3 次，每次 10～20 分钟;

(3) 回灌量须由小到大;

(4) 准确地记录静水位（关进水阀门后 10～15 分钟测定)、动水位（回扬时测）水温、回灌前后的真空度、回灌量和回扬量;

(5) 保证回灌水的水质标准，严禁各种杂质进入井内;

(6) 停灌期间要注意对水井的保养管理，一般每 7～15 天回扬一次，以保证水流畅通，防止井内水质变臭和滤网被堵。

2.加压回灌系统管理:

加压回灌过程中的操作程序为:

(1) 关闭离心水泵、进水阀门、回流闸门，开出水阀门;

(2) 开泵回扬至水清;

(3) 停泵，开出水阀门;

(4) 开进水阀门和控制阀门;

(5) 开水泵灌水、放气，待水溢出，关闭放气孔，再开回流阀门;

(6) 控制回灌压力，定期记录。

在加压过程中必须注意:

(1) 遵守上述操作规程;

(2) 回扬时应详细记录和测定静水位、动水位、压力值、灌水量、出砂量等。

(3) 坚持定期回扬冲洗，回扬后要放气;

(4) 放气时先从泵内进水，以排除井内空气，当水从放气孔大量排出后，才可开回流阀门;

(5) 灌水量与压力要由小到大，逐步调节到适宜压力;

(6) 离心泵不能断水打空泵，若遇此情况必须停泵，及时回扬处理。

此外，针对加压回灌系统来说，回灌压力可控是实现加压回灌的必要条件。由于回灌地层以及各个回灌井成井质量的差异性，必然导致每个回灌井承受的回灌压力有所不同，所以，加压回灌系统最好应该具备回灌压力单井单控的功能。

8.3 回灌运行的监测

回灌水量应根据实际水位的变化及时调节，保持抽、灌平衡。既要防治回灌导致坑外水位大幅抬升，以至超过初始水位。也要防止回灌水量过大从而渗入基坑内，对基坑降水造成不利影响，又要防止回灌量过小使地下水位失控影响回灌效果。因此，要求在其附近设置必要数量的水位观测孔和沉降观测点，定时进行观测和分析，以便及时调整回灌水量。回灌水必须是清水，以防回灌井点过滤器的堵塞，影响回灌渗透能力。

回灌过程需要每天观测回灌井周边水位观测井变化情况，同时要准确及时记录回灌水量、基坑抽水量的变化情况，每天对记录数据进行分析整理，及时掌握回灌运行情况，并根据需要做出适当调整。

此外回灌期间施工单位应加强回灌区域地表沉降监测，并加强对建筑物及周边管线的沉降监测，监测数据应及时反馈降水部门，降水单位必须结合基坑周边环境变化情况，针对不利情况调整基坑降水和地下水回灌。

1.沉降监测

（1）地面沉降监测

为了掌握基坑回灌对周围环境的影响，在回灌时应对抽水试验期间设置的地表沉降监测点继续进行观测。根据实测数据，分析相邻地面沉降的时空分布规律，并与抽水试验期间沉降变化规律进行对比分析。

地面沉降发展过程监测，主要是通过卫星定位系统（GPS）和布设水准测网[9]，定期进行高精度水准测量，监测地面高程变化情况。地面沉降监测需在各项施工前测得各监测点的初始值。沉降平均每天监测 2 次，特殊情况如监测数据有异常或突变、变化速率偏大及变化速率极小时，适当加密或减少监测频率。

（2）分层沉降监测

回灌过程中，为了明确基坑回灌对回灌目的层的沉降变化规律，利用抽水试验期间设置的深层土体沉降监测进行同步观测。分层沉降监测[10] 一般采用埋设多点位移计的方法来监测。

多点位移计（图 8-1）是由位移计组（3～6 支）、位移传递杆及其保护管、减摩环、安装支座、锚固头等组成。适用于长期埋设在水工结构物或土坝、土堤、边坡、隧道等结构物内，测量结构物深层多部位的位移、沉降、应变、滑移等，可兼测钻孔位置的温度。多点位移计的安装埋设方法见图 8-2。

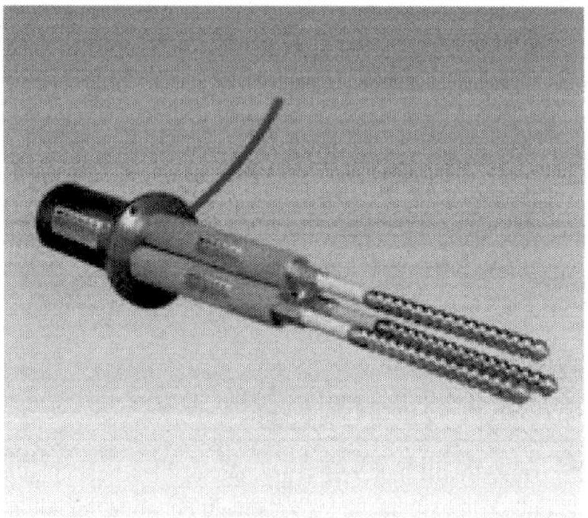

图 8-1　多点位移计

回灌分层沉降监测时，观测频率为实时观测，以此来判断不同含水层地下水位的下降引起的沉降。

2.孔隙水压力监测

对于加压回灌系统来说，必须监测回灌过程中，不同回灌压力在含水层中的压力扩散情况，以了解大范围的加压回灌对于基坑围护结构的影响情况。因此，需在回灌井附近针对回灌目的层设置孔隙水压力监测点[11] 来实时监测。

目前孔隙水压力计有钢弦式、气压式等几种形式，基坑工程中常用的是钢弦式孔隙水压力计。孔隙水压力计由两部分组成，第一部分为滤头，由透水石、开孔钢管组成，主要起隔断土压的作用；第二部分为传感部分，其基本要素同钢筋计。常见的孔隙水压力计如图 8-3 所示，孔隙水压力计工作原理见图 8-4。

孔隙水压力计在使用时要注意以下方面[12,13]：

（1）孔隙水压力计应按测试量程选择，上限可取静水压力与超孔隙水压力之和的 1.2 倍；

（2）采用钻孔法施工时，原则上不得采用泥浆护壁工艺成孔。如因地质条件差必须采用泥浆护壁时，在钻孔完成后，需要清孔至泥浆全部被清洗掉为止。然后在孔底填入净砂，将孔隙水压力计送至设计标高后，再在周围回填约 0.5m 高的净砂作为滤层；

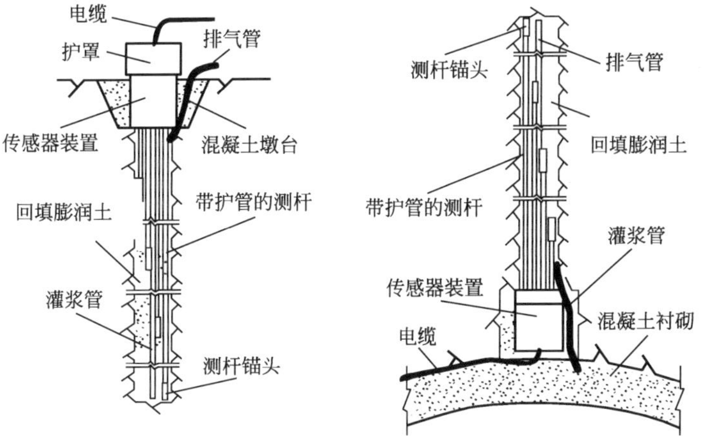

图 8-2 多点位移计的安装埋设示意图

图 8-3 孔隙水压力计

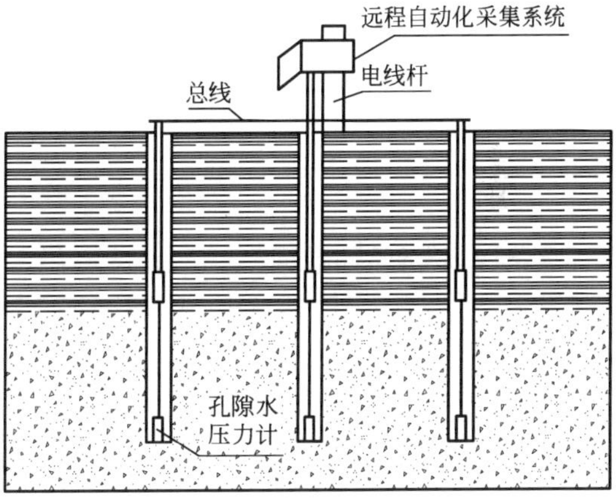

图 8-4 孔隙水压力计工作示意图

(3) 在地层的分界处附近埋设孔隙水压力计时应十分谨慎，滤层不得穿过隔水层，避免上下层水压力的贯通；

(4) 孔隙水压力计在安装过程中，其透水石始终要与空气隔绝；

(5) 在安装孔隙水压力计过程中，始终要跟踪监测孔隙水压力计频率，看是否正常，如果频率有异常变化，要及时收回孔隙水压力计，检查导线是否受损；

(6) 孔隙水压力计埋设后应量测孔隙水压力初始值且连续量测一周，取三次测定稳定值的平均值作为初始值。

3. 地下水动态监测

地下水资源较地表水资源复杂，地下水本身质和量的变化以及引起地下水变化的环境条件和地下水的运移规律都不易直接观察，同时，地下水的污染以及地下水超采引起的地面沉降是缓慢变化的，一旦积累到一定程度，就成为不可逆的破坏。因此，回灌过程中应该实时掌握回灌目的层的地下水动态，并定时测量、记录、存储、整理包括水位、水量、水质和水温等物理化学性质，也即地下水动态监测[14-16]。

地下水动态监测由四部分组成：监测中心、通信网络、微功耗测控终端、水位监测记录仪（水位计），地下水动态监测的拓扑图如图 8-5 所示。

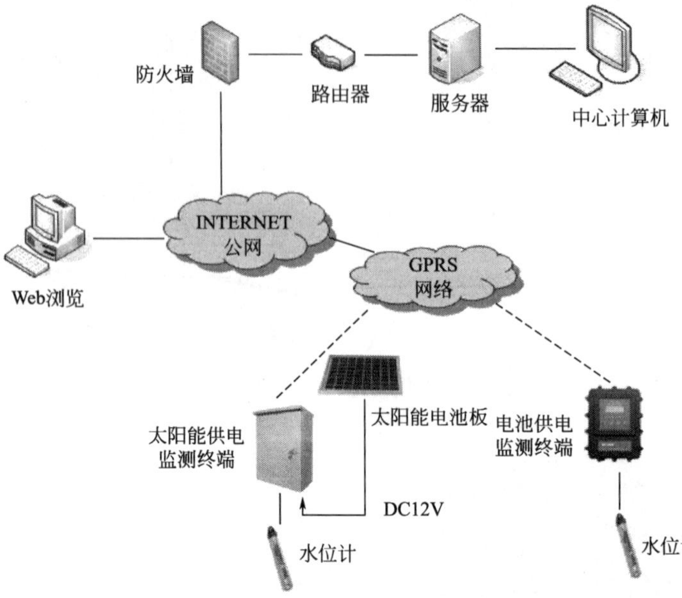

图 8-5　地下动态水监测的拓扑图

4.整理、分析监测数据

回灌运行过程中及时地整理、分析现场监测数据，并依据监测数据做出准确的应对措施是保障回灌运行的关键。结合现代化的信息管理系统，在现场将每天的监测数据汇总并分类，分析各监测点所获取的数据，包括各观测孔的水位、孔隙水压力的变化、沉降变化等。所有监测数据可以利用信息管理系统自动建立历史档案，作为区域性回灌分析的依据。

8.4　回灌运行的安全保障

1.人员组织架构

为加强回灌工程质量控制，回灌工程人员组织实行项目经理、项目总工程师质量负责制，施工技术岗位责任制，对施工过程进行控制。工程质量是各项管理的综合反映，也是管理水平的具体体现，必须建立健全各级组织，分工负责，做到预防为主、预防与检查相结合，形成一个明确任务、职责、许可权、互相协调和相互促进的有机整体。

回灌工程施工组织管理框架图见图 8-6，成员主要职责见表 8-2。

成员主要职责　　**表 8-2**

岗　　位	人数	主 要 职 责
项目经理	1	回灌工程施工的组织者，是工程质量直接负责人，对履行合同负责，杜绝质量安全事故，确保工程一次交验合格，人员、材料、设备、工艺方法和施工等几个方面因素控制好，确保生产工序质量的稳定。对工程质量、安全、工期、文明生产领导责任，严格按质量计划作业指导书施工。组织工程竣工验收等工作

续表

岗　位	人数	主要职责
技术负责人	1	对工程项目技术质量工作负直接责任，核对总包提供的技术资料图纸，施工组织设计与成井报告的编写与送审，施工工序质量控制、签证、质量记录控制（原始资料收集整理、保存等），统计技术应用，负责现场检验、测量、试验设备的控制以及纠正和预防措施指定，审查采购物资的技术要求，竣工报告编写送审和工程质量验收、资料提交
质检部	1	工序质量监督检查与验收，填写开孔令，隐蔽工程验收，施工中一般合格项目评审与处置，材料检验、半成品状态标识及质量记录资料
工程部	1	总施工员负责生产调度，作业计划调整，保证均衡生产，总施工员填写施工日记，负责工序调度，组织，相关纠正、预防措施督促执行，事故预防与处理、器具搬运
安全部	1	检查督促安全与文明生产措施落实，纠正不安全行为，生产设备检验、安全装置的检查。现场员工安全教育培训，上岗证书检查，安全日记填写
物资部	1	确保材料，对材料质量进行初检、进程材料物资签收、发放、登记保管

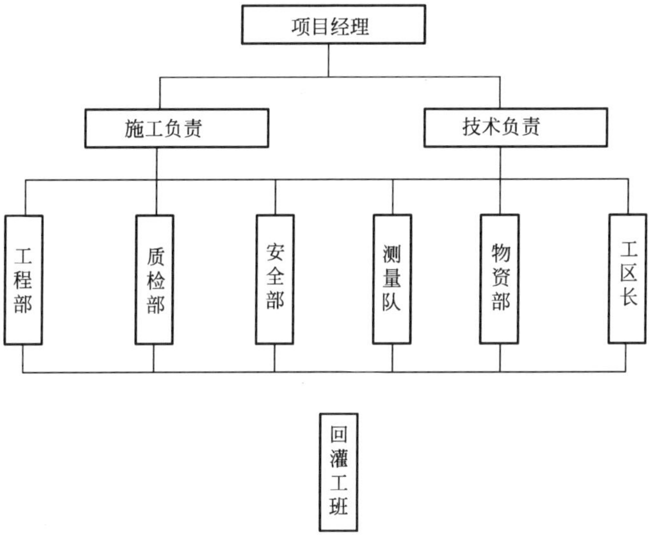

图 8-6　施工组织管理框架图

2. 安全施工措施[17,18]

（1）现场钻机必须持证操作，挂牌负责，定机定人；

（2）保持机械设备整齐完好，无老油污，绳索无锈蚀，磨损控制在标准范围内，齿轮及齿轮咬合处润滑良好；

（3）钻机转动部分一定要有安全防护装置，开钻前检查齿轮箱和其他机械传动部位是否灵敏、安全、可靠，启动时要看清机械周围环境，要先打招呼后推闸；

（4）进入施工现场必须佩戴安全帽，禁止穿拖鞋、赤膊进入施工现场；

（5）施工现场的沟、坑等处必须有防护装置或明显标志，护口管埋好后必须加盖或设置警戒线，泥浆池要设置防护栏杆；

（6）施工前先了解有关地下构筑物及管道的情况，及时按国家有关规定采取防护措施；

（7）夜间施工要有足够的照明设备，钻机操作台、传动及转盘等危险部位、主要通道不得留有黑影；

（8）钻机移动时，钻机机长、班长兼安全员必须亲临指挥，每天上下班时对劳动用品、机械设备及机具、吊具、索具等进行检查，确保用具在完好的情况下进行施工，消除隐患、确保施工安全。

3.用电安全措施

（1）给各种电力设施加装保护围栏及防触电装置，配电房周围 3～5m 范围内不得有其他建筑及堆放杂物，凡有用电的设备均配置相应的灭火器；

（2）现场所有用电设备金属外壳必须接地，所有配电箱内电器配件必须保证完整无缺，所有分电箱必须重复接地；

（3）施工现场严格采用“三相五线”制，一律采用 TN-S 接零保护系统，重复接地导线使用绿/黄双色绝缘多股铜线，不得使用废旧、受损及带节电缆线，电阻值应符合规范要求，其截面不得小于 $2.5mm^2$；

（4）电力操作人员严格遵守安全操作规程，佩带安全防护用具，上班前 4 小时不得饮酒；

（5）配电箱内开关、熔断器、插座等设备齐全完好，配线及设备排列整齐，压接牢固，操作面无带电体外露。

4.防护安全措施

（1）对进场职工进行消防知识教育；

（2）现场划分用火作业区、易燃易爆区、生活区，按规定保持防火距离；

（3）现场设消防灭火器具，按规定对重点部位，主要部位备齐灭火器具的数量，并经常维修保养，对消防器具有专人管理；

（4）发现火警及时向有关部门报告，并立即救护。

5.双电源保证

施工现场应有两路工业用电，回灌运行中应保证一路工业用电停电后另一路工业用电能及时使用，保证停电 1～10 分钟内（可根据后期试回灌确定具体时间）能将确保回灌井的电源得到更换，确保在回灌过程中不得长时间中断。现场配备发电机，同时配备自动切换设备。

电源切换时电工、发电机工和回灌人员要统一指挥，协调操作，各负其责。切换电源时，各位置工作人员职责如下：

（1）发电机操作工：在发电机所在位置，迅速启动发电机，待正常之后立即通知电工切换电源；

（2）电工：位于双向闸刀位置，接到发电机工的指令后，迅速切换电源；

（3）回灌班组人员：位于各回灌井启动箱和分电箱位置，根据启动箱指示灯状态或电表状态随时合上开关并启动指定按钮。

以上工作人员必须在断电后及时各就各位，确保回灌井在较短时间内恢复运行。

6.文明施工措施

（1）开展文明教育，施工人员均须遵守市民文明规范；

（2）加强班组建设，有三上岗一讲评的安全记录，有良好的班容班貌。项目部给施工班组农民工夜校，提高班组整体素质；

(3) 工地现场做到道路畅通、平坦整洁，材料不乱堆乱放，泥浆不得排入下水道；

(4) 在施工现场设置连续、通畅的排水设施，防止泥浆、废水、污水乱溢；

(5) 加强班组的治安综合治理，做到目标管理、制度落实、责任到人；

(6) 现场施工人员统一着装；

(7) 运输车辆进出工地时，必须减速行驶。

8.5 本章小结

本章从基坑回灌工程运行的角度，介绍回灌水量、回灌后地下水位的控制，并对回灌系统运行管理提出要求；并强调回灌运行时还需要及时监测，了解回灌效果，以免出现风险事故。最后，就回灌工程的安全运行提出几点建议。

参 考 文 献

[1] 吴林高等. 工程降水设计施工与基坑渗流理论 [M]. 北京：人民交通出版社，2003.

[2] 曾庆月. 深基坑降水回灌结合技术 [J]. 科技风，2009 (24).

[3] 卢礼顺，刘建航，刘庆华等. 上海某地铁车站深基坑周围土体沉陷研究 [J]. 岩土工程学报，2006，28 (B11)：1764-1768.

[4] 闫双. 基坑降水诱发的建筑物特殊事故及其分析 [J]. 四川建筑科学研究，2012，38 (3)：133-135.

[5] 程林林，贾强. 施工降水引起房屋墙体开裂的事故处理 [J]. 工业建筑，2010.

[6] 刘国彬，王洪新. 上海浅层粉砂地层承压水对基坑的危害及治理 [J]. 岩土工程学报，2002，24 (6)：790-792.

[7] 俞建霖，龚晓南. 基坑工程地下水回灌系统的设计与应用技术研究 [J]. 建筑结构学报，2001，22 (5)：70-74.

[8] 王晓鸣. 轻型井点降水与井点回灌在城区河道整治工程中的应用 [J]. 水利建设与管理，2011，31 (6)：43-45.

[9] 刘毅. 地面沉降研究的新进展与面临的新问题 [J]. 地学前缘，2001，8 (2).

[10] 凌柏平，龚永康，张建跃. 真空预压软基处理分层沉降监测 [J]. 水运工程，2010 (12)：129-134.

[11] 黄晓波，周立新，周虎鑫. 路基强夯处理孔隙水压力监测及参数确定 [J]. 公路交通科技，2005，22 (12)：58-61.

[12] 杨晓军，龚晓南. 基坑开挖中考虑水压力的土压力计算 [J]. 土木工程学报，1997，30 (4)：58-62.

[13] 刘欢迎，周克明. 孔隙水压力计的几种不同埋设方法 [J]. 人民珠江，2004，25 (03)：63.

[14] 周仰效，李文鹏. 区域地下水位监测网优化设计方法 [J]. 水文地质工程地质，2007，34 (1)：1-9.

[15] 王庆兵，段秀铭，高赞东等. 济南岩溶泉域地下水位监测 [J]. 水文地质工程地质，2007，34 (2)：1-7.

[16] 于强，王威，易长荣. 天津市地面沉降及地下水位监测自动化系统的设计与应用 [J]. 地下水，2007，29 (5)：101-104.

[17] 文建国. 施工项目质量控制的分析与研究 [D]. 西安建筑科技大学，2004.

[18] 李健. 建筑工程项目施工阶段质量控制的系统研究 [D]. 南昌大学，2009.

第 9 章　回灌工程招投标

9.1　概述

9.1.1　招标与投标[1]

回灌工程招标是指业主（建设单位）或总包为发包方，根据拟建工程的内容、工期、质量和投资额等技术经济要求，招请有资格和能力的企业或单位参加投标报价，从中择优选取承担回灌工程的设计和施工任务的承包单位。

回灌工程投标是指经审查获得投标资格的投标人，以同意发包方招标所提出的条件为前提，经过广泛的市场调查掌握一定的信息并结合自身情况（能力、经营目标等），以投标报价及设计方案的竞争形式获取工程任务的过程。

招标与投标是市场经济中用于采购商品的一种交易方式，其特点是卖方设定包括商品的质量、期限、价格为主的标的，约请若干买方通过投标报价、技术水平、工程经验，财务状况、信誉等方面的综合实力竞争，从中择优选定中标者并双方达成协议，随后签订合同并按合同实现标的。

根据国家颁布的有关法律和法规的要求，已将工程项目采用招标投标的方式选择实施单位，作为一项建筑市场的管理制度广泛推行，招标投标制是实现项目法人责任制的重要保障之一。它的推行，有利于促使工程建设按建设程序进行，保证建设的科学性、合理性；有利于保证工程质量、缩短工期、节约投资；有利于促进承包企业提高履约率，提高经营管理水平。

9.1.2　工程招标范围

工程招标范围，应参照招标投标法中规定的范围执行，

1. 工程建设项目招标范围

（1）关系社会公共利益、公众安全的基础设施项目；

（2）关系社会公共利益、公众安全的公用事业项目；

（3）使用国有资金投资或者国家融资的项目；

（4）使用国际组织或者外国政府资金的项目。

2. 工程建设项目招标规模标准

《工程建设项目招标范围和规模标准规定》的上述各类工程建设项目，包括项目的勘察、设计、施工、监理以及与工程建设有关的重要设备、材料等采购，达到下列标准之一的，必须进行招标：

（1）合同估算价在 200 万元人民币以上的；

（2）设备、材料等货物的采购，单项合同估算价在100万元人民币以上的；

（3）设计、监理等服务的采购，单项合同估算价在50万元人民币以上的；

（4）估算价低于第1、2、3项规定的标准，但项目总投资额在3000万元人民币以上的。

9.1.3 招标投标的原则[2]

《招标投标法》第五条规定了招标投标活动应遵循的原则，即“招标投标活动应当遵循公开、公平、公正和诚实信用原则。”

1.公开原则

公开原则是指招投标的程序应透明，招标信息和招标规则应公开，有助于提高投标人参与投标的积极性，防止权钱交易等腐败现象的滋生。

公开原则首先要求进行招标活动的信息要公开。采用公开招标方式，通过国家指定的报刊、信息网络或者其他公共媒介发布招标公告，并且，无论是招标公告、投标邀请书，还是资格预审公告，都应当载明大体满足潜在投标人决定是否参加投标竞争所需要的信息，此外，开标的程序、评价的标准和程序、中标的结果等都应当公开。

2.公平原则

公平原则是指参与投标者的法律地位平等，权利与义务相对应，所有投标人的机会平等，不得实行歧视。

公平原则要求招标人同等的对待每一个投标竞争者，不得对不同的投标竞争者采取不同的标准，不得以任何方式限制或者排斥投标竞争者参加投标。

3.公正原则

公正原则是指投标人及评标委员会必须按统一标准进行评审，市场监管机构对各参与方都应依法监督，一视同仁。

公正原则要求招标人行为应当公正，对每一个投标竞争者都应平等对待。特别是在评标时，评标标准应当明确、严格，评标委员会的成员不能有与投标人有利害关系的人员。标投标活动中，招标人和投标人双方地位平等，任何一方不得向另一方提出不合理的要求。

4.诚实信用原则

诚实信用原则是指招标、投标人都应诚实、守信、善意、实事求是，不得欺诈他人，损人利己。

诚实信用原则要求招标投标各方重合同、守信用，不得有欺骗、背信的行为，在法律上，诚实信用原则属于强制性规范，当事人不得以其协议加以排除和规避。

9.1.4 招标方式

1.公开招标

公开招标是指招标人以招标公告的方式邀请不特定的法人或者其他组织投标。公开招标，又叫竞争性招标，即由招标人在报刊、电子网络或其他媒体上刊登招标公告，吸引众多企业单位参加投标竞争，招标人从中择优选择中标单位的招标方式。

这种招标方式对于招标人来说有较大的选择余地，有利于降低工程造价，提高工程质量和缩短工期，但由于参加竞标的竞标人较多，增加了投标人资格预审和评标的工作量。此外，为了防范个别低价投机竞标人的存在，招标人应加强资格预审，认真评标。

2. 邀请招标

邀请招标是指招标人以投标邀请的方式邀请特定的法人或其他组织投标。邀请招标，也称为有限竞争招标，是一种由招标人选择若干供应商或承包商，向其发出投标邀请，由被邀请的供应商、承包商投标竞争，从中选定中标者的招标方式。

这种方式发包方可以根据自己的经验和各种信息资料，优选有相关工程经验、信誉良好的承包商，并向其发出邀请，一般邀请 3～5 家（至少 3 家）前来投标。但由于经验和信息资料有一定的局限性，有可能遗漏一些在技术上、投价上有竞争力的后起之秀。

3. 议标

议标是国际上常采用的招标方式，亦称为非竞争性招标或称指定性招标。这种方式是业主邀请一家，最多不超过两家承包商来直接协商谈判。实际上是一种合同谈判的形式。这种方式适用于工程造价较低，工期紧，专业性强或军事保密工程。其优点是可以节省时间，容易达成协议，迅速展开工作。缺点是无法获得有竞争力的报价。

9.1.5 招标程序

（1）确立招标资格（由招标人自行招标或委托招标）及备案；
（2）准备招标文件、编制标底；
（3）发布（送）招标公告或投标邀请书；
（4）资格预审，确定合格的投标申请人；
（5）发售招标文件；
（6）组织投标人踏勘现场及投标答疑会；
（7）接收投标人编制的投标文件（逾期者退回）；
（8）开标；
（9）招标人依据法律法规组建评标委员会；
（10）评标；
（11）定标，向中标人、未中标人分别发出中标通知书、中标结果通知书；
（12）签订合同。

9.2 回灌工程设计施工招标

9.2.1 招标准备阶段的主要工作

1. 组建招标机构

当发包方具备以下条件时，可组建招标机构进行招标：

（1）具有独立法人资格，是依法成立的其他组织；
（2）具备与招标工程相适应的技术人才；
（3）能够组织编制招标文件；
（4）能够审查投标单位的资质；
（5）具备组织开标、评标、定标的能力。

如果发包方不具备上述（2）～（5）项条件，招标事宜应委托监理单位、咨询机构等代为办理。

2. 落实回灌项目的招标条件

回灌项目招标时，一般应具备以下条件：

（1）上级主管部门年度资产投资计划中已列入回灌项目；

（2）所在地的规划部门已批准回灌项目，相关工程用地征用工作已完成；

（3）回灌施工现场的“三通一平”工作已完成或一并列入招标范围；

（4）满足招标需要的设计图纸及技术资料已备齐；

（5）回灌项目的工程地质勘察工作已完成。

3. 申请批准招标

项目招标条件及招标工作机构确立后，发包方可向建设工程招标管理机构提出进行招标申请，申请书的内容包括：发包方所具有的编制招标文件的标的，组织开标、评标的能力，资金的筹措，项目设计完成情况等。

大多数情况下，回灌工程通常会由获得建设工程总承包资格的施工单位作为的分项工程进行招标。

4. 确定承发包方式和合同类型[3]

工程施工任务的承发包方式和合同类型的确定要建立在发包方与承包商利益一风险平衡的基础之上，但在一般情况下，发包方会选定一种对自己有利的发包方式和合同类型，而承包商则会通过自身努力施加一定的影响，在投标与合同谈判的过程中，避免选定对自己不利的承包方式和合同类型。

总之，工程项目的承发包方式和合同类型的确定是一个复杂又重要的过程，必须综合考虑工程项目的工艺技术水平，工程的特点，对工程造价的影响，有利于发挥承包商的特长，施工现场的管理、工期要求等各种因素。

5. 编制招标相关文件[1]

招标文件的编制应考虑投标单位的合理利益，尊重投标单位的自主权，体现平等互利的原则。

招标文件的编制一般有以下几个部分组成：

（1）发包方的名称、工程性质、资金来源等；

（2）工程综合说明，包括工程名称、地址、规模、项目设计人、现场条件等；

（3）投标须知；

（4）工程招标方式、发包范围；

（5）发包方对工程与服务方面的要求，包括工期、所采用的技术规范、质量要求提供的施工方案、进度计划等；

（6）工程款的支付，材料的供应及差价的处理；

（7）必要的设计图纸、技术资料、工程量清单；

（8）拟采用的合同通用条件、专用条件；

（9）投标书的递交，包括投标书的密封和标志、投标的截止日期、投标书的更改与撤回等；

（10）投标书的编号，包括标书的语言，标书的组成文件等；

（11）现场勘察、标前会议、开标、评标、决标等活动日程安排；

（12）招标文件的更改与补充，评标、定标的原则；

（13）中标的承包商应办理的有关事宜，及有关文件的格式，包括中标通知书的发出、合同谈判及签署等事宜，以及合同协议书、履约担保、动员预付款担保等文件格式；

（14）投标保函或投标保证金的要求；

（15）其他，如是否要求提交投标授权书等。

整个招标文件大体分为三大部分，即投标者为投标应了解并遵循的规定；承包商必须填报的投标书格式及应提交的文件；中标的承包商应办的事宜及有关文件格式。

6.编制标底

标底是招标单位对招标项目的预期价格，是评标、定标的重要依据。标底编制的合理性、准确性直接影响工程造价。

标底是招标单位的绝密资料，不能向任何无关人员泄露。

回灌工程属于建设工程基坑开挖的临时性措施工程，多数情况下，回灌工程的设计及施工由同一投标人承担。由于投标人的技术水平和能力的不同，投标价的高低往往不同，因此，招标单位通常根据投标人的报价择优选择分包商。

9.2.2 招标阶段的重要工作

1.发布招标公告

招标公告是公开招标时发布的一种周知性文书，要求刊登广告或网上公布，一般要求公布招标单位、招标项目、招标时间、招标步骤及联系方法等内容，以吸引潜在投资者参加投标。招标公告通常由标题、标号、正文和落款四部分组成。

2.资格预审

资格预审是指在招投标活动中，招标人在发放招标文件前，对报名参加投标的申请人的承包能力、业绩、资格和资质、历史工程情况、财务状况和信誉等进行审查，并确定合格的投标人名单的过程。

资格预审程序：

（1）编制资格预审文件。由招标单位组织有关专家人员编制资格预审文件，也可委托设计单位、咨询公司编制。资格预审文件的主要内容有：①工程项目简介；②对投标人的要求；③各种附表。资格预审文件须报招标管理机构审核。

（2）在建设工程交易中心及政府指定的报刊、网络发布工程招标信息，刊登资格预审公告。资格预审公告的内容应包括：工程项目名称、资金来源、工程规模、工程量、工程分包情况、投标人的合格条件、购买资格预审文件日期、地点和价格，递交资格预审投标文件的日期、时间和地点。

（3）报送资格预审文件。投标人应在规定的截止时间前报送资格预审文件，逾期报送者视无效处理。

（4）评审资格预审文件。由招标单位负责组织评审小组，包括财务、技术方面的专门人员对资格预审文件进行完整性、有效性及正确性的资格预审。通过对财务、施工经验、人员、设备四方面的评审，对每一个投标人统一打分，得出评审结果。投标人对资格预审申请文件中所提供的资料和说明要负全部责任。如提供的情况有虚假或不能提供令招标单位满意的解释，业主将保留取消其资格的权力。

3. 发售招标文件

招标单位需要根据招标项目的特点编制招标文件，招标文件应当包括投标须知，合同条件，技术规范，图纸、技术资料，工程量清单等所有实质性要求和条件。投标人根据招标文件编制投标文件并报价。

4. 组织现场考察

招标人按照招标文件规定的时间组织投标人自费到施工现场考察，一方面是为了让投标人了解工程项目的现场条件、施工条件以及周围环境条件，以便于投标报价；另一方面是为了让投标人根据自己实地考察的情况确定投标原则和投标策略，避免在合同履行过程中出现以不了解现场情况为由而推卸应承担的合同责任的现象。

5. 标书答疑[1]

投标人研究招标文件和现场考察后会以书面形式提出某些质疑问题，招标人应及时给予书面解答。招标人对任何一位投标人所提问题的回答，必须发送给每一位投标人，保证招标的公开和公平，但不必说明问题的来源。回答函件作为招标文件的组成部分。

9.2.3 决标成交阶段的主要工作

从开标日到签订合同这一期间称为决标成交阶段，是对各投标书进行评审比较，最终确定中标人的过程。

1. 投标有效期

投标有效期是指为保证招标人有足够的时间在开标后完成评标、定标、合同签订等工作而要求投标人提交的投标文件在一定时间内保持有效的期限，该期限由招标人在招标文件中载明，从提交投标文件的截止之日起算。

2. 开标

在投标须知规定的时间和地点由招标人主持开标会议，所有投标人均应参加，并邀请项目建设有关部门代表出席。开标时，由投标人或其推选的代表检验投标文件的密封情况。确认无误后，工作人员当众拆封，宣读投标人名称、投标价格和投标文件的其他主要内容。所有在投标致函中提出的附加条件、补充声明、优惠条件、替代方案等均应宣读，如果有标底也应公布。开标过程应当记录，并存档备查。开标后，任何投标人都不允许更改投标书的内容和报价，也不允许再增加优惠条件。投标书经启封后不得再更改招标文件中说明的评标、定标办法。

开标时，如果发现投标文件出现下列情况之一，应作为废标处理，不再进行评标：

（1）投标文件未按照招标文件的要求予以密封；

（2）投标文件中投标函未加盖投标单位的企业及企业法定代表人印章，或企业法定代表人委托代理人没有合法、有效的委托书（原件）及委托代理人印章；

（3）投标文件的关键内容字迹模糊，无法辨认；

（4）投标人未按照招标文件要求提供投标保证金或者投标保函；

（5）组成联合体投标的，投标文件未附联合体各方共同投标协议。

3. 评标

评标是对各投标书优劣的比较，以便最终确定中标人，由评标委员会负责评标工作。大型工程项目的评标通常分成初评和详评两个阶段进行，中小型项目的评标可合成一次进行，但评审的内容基本相同。

（1）初评阶段

评标委员会以招标文件为依据，审查各投标书是否为响应性投标，确定投标书的有效性。投标书内如有下列情况之一，即视为投标文件对招标文件实质性要求和条件响应存在重大偏差，应于淘汰。

① 没有按照招标文件要求提供投标担保或提供的投标担保有瑕疵；

② 没有按招标文件要求由投标人授权代表签字并加盖公章；

③ 投标文件记载的招标项目完成期限超过招标文件规定的完成期限；

④ 明显不符合技术规格、技术标准的要求；

⑤ 投标人附有招标人不能接受的条件；

⑥ 不符合招标文件中规定的其他实质性要求。

对于存在细微偏差的投标文件，可以书面要求投标人在评标结束前予以澄清、说明或者补正，但不得超出投标文件的范围或者改变投标文件的实质性内容。

（2）详评阶段

详评是在初评的基础上，对初评所选出的几家投标者的标书所拟定的回灌设计、施工方案实施计划、施工项目管理机制、标价等，进行实质性的分析评价。

① 技术标评审。即对回灌设计、施工方案进行具体、深入的分析评价，包括其设计的可靠性、可行性、施工方法和技术措施是否可靠、合理、科学和先进，能否保证施工的顺利进行，确保施工质量；是否充分考虑了气候、水文、地质等各种因素的影响，并对施工中可能出现的问题作了充分的估计，并设计了妥善的预处理方案；施工进度计划是否科学、可行；材料、设备、劳动力的供应是否有保障，施工场地平面图设计是否科学、合理等；项目管理组织机构是否合适，所配备管理人员的能力和数量是否满足施工需要，是否在组织方面建立起了满足项目管理需要的质量、工期安全、投资等保证体系。

② 商务标评审。即进行价格分析，除了看其总价的高低，还要分析其报价的合理性，进行详细的分析对比，对差异较大之处找出原因，分析其合理性，以减少招标者的风险。

由于工程项目的规模不同，各类招标的标的不同，评审方法可分为定性评审和定量评审两大类。对于标的额较小的中小型工程评标可以采用定性化比较的专家评议法，评标委员对各标书共同分项进行认真分析比较后，以协商和投票的方式确定候选中标人。这种方法过程简单，评标时间短，但科学性差。对大型工程应采用“综合评分法”或“评标价法”对各投标书进行科学的量化比较。综合评分法是指将评审内容分类后分别赋予不同权重，评标委员依据评分标准对各类内容细分的小项进行相应的打分，最后计算累计分值反映投标人的综合水平，以得分最高的投标书为优。评标价法是指评审过程中以该标书的报价为基础，将报价之外需要评定的要素按预先规定的折算办法换算为货币价值，根据对招标人有利或不利的原则在投标报价上增加或扣减一定金额，最终构成评标价格。评标价最低的投标书为最优，定标签合同时，以投标报价作为中标的合同价，不能以评标价为合同价。

（3）评标报告

评标委员会经过对各投标书评审后向招标人提出的结论性报告，作为定标的主要依据。评标报告应包括评标情况说明；对各个合格投标书的评价；推荐合格的中标候选人等内容。

4.定标和签订合同

招标人应该根据评标委员会提出的评标报告和推荐的中标候选人确定中标人，也可以授权评标委员会直接确定中标人。

中标人确定后，招标人向中标人发出中标通知书，同时将结果通知未中标人并退还他们的投标保证金或保函。中标通知书对招标人和中标人具有法律效力，招标人改变中标结果或中标人拒绝签订合同均要承担相应的法律责任。

中标通知书发出后 30 天内，双方按照招标文件和投标文件订立书面合同，不得作实质性修改。招标人确定中标人后 15 天内，应向有关行政监督部门提交招标投标情况的书面报告。

9.3 回灌工程设计施工投标

9.3.1 投标的主要程序

回灌工程项目投标是经审查获得投标资格的投标人，以同意发包方招标文件所提出的条件为前提，在广泛的市场调查的基础上响应招标，按规定程序编写投标文件，以投标报价的竞争形式获取工程任务的过程。它主要包括以下几个过程：

1.掌握招标信息

有无投标机会是决定是否投标的前提。因此，了解有关建设项目的招标信息是十分重要的，特别是复杂的建设项目，如果不能及时掌握招标信息而缺乏投标的必要准备，往往会使很好的机会失之交臂。信息了解迟了，即使机会很好，也难免措手不及。相反，如果能系统、及时掌握各方面的招标信息，投标人就可以有充分时间进一步了解情况，并根据客观和主观条件加以选择，充分做好准备工作，使自己处于主动。

2.投标项目选择的经济评价

投标人不可能有标就投，也不可能见标就投。因此应先对项目做定性的分析后，再经定量分析后进行取舍，选择那些在人力、资金、设备技术等各种约束条件下都尽可能盈利的项目。

3.投标的前期准备工作

投标的前期准备工作主要包括四个部分的工作内容。

（1）投标机构的组成，工程承包商应该根据工程性质的大小等情况，组织一个经验丰富、决策有力的投标班子进行投标报价；

（2）报名与资格审查，承包商得到招标信息后应及时报名参加投标，并且应提供令招标单位满意的资格文件，以证明其符合投标合格条件和具有履行合同的能力；

（3）研究招标文件，投标单位应认真审阅招标文件中所有的投标须知、合同条件、规定格式、技术规范、工程量清单和图纸，应注意对投标文件中的所有规定条款都必须给出实质性的响应；

（4）调查研究、踏勘现场、现场考察是整个投标报价中的一项重要活动，对于正确考虑施工方案和合理计算报价具有重要的意义。

4. 投标项目施工方案的分析与拟定

投标项目施工方案的拟定是投标报价的一个前提条件，也是投标的单位评标时要考虑的重要因素之一。它主要涉及以下几个内容：

（1）施工总进度计划的安排；

（2）施工技术方案的制订；

（3）施工组织总设计的安排；

（4）资源的调度与使用的安排。

5. 投标报价的初步匡算

投标报价的编制有以下几个步骤，首先是充分研究招标文件的各项技术规定基础上，核实工程量清单。招标文件中通常都附有工程量表，投标人应根据图纸仔细核算工程量，当发现相差较大时，投标人不能随便改动工程量，应致函或直接找业主澄清。其次是投标报价各组成部分的估算。按照投标价的构成应对标价的各个部分进行计算，包括：人工工资单价、材料单价、施工机械台班单价、施工管理费、其他费用等等。最后是工程定额的选用和标价的计算。根据工程的性质确定编制报价所依据的定额，根据施工方法确定参照定额子目，根据工程所在地和企业性质确定取费标准，然后按照常规的预算编制办法编制初步的报价。

6. 投标报价的竞争性分析与决策[4]

根据既定的工程施工方案制定的概预算得出的是工程的预算造价，在此基础上，我们还要对这一报价进行静态分析，根据经验数据总结出来的费用比例结构分析这一基本报价的合理性并对其进行调整。然后再综合考虑自己的整体战略要求和经营状况以及对投标预期利润的要求。因为市场波动、工程施工方案可能出现的调整等因素造成的材料、设备和人员费用以及汇率等的变动风险，以及难以预测的其他一些风险，都会对造价产生影响，因此应该对工程预算造价进行动态分析和调整。最后根据业主的期望和竞标对手可能采取的投标报价策略，做出竞争性的报价调整策略。

竞争性分析和决策的过程实质上是一个综合考虑自身利益、业主偏好以及竞争对手策略的非常复杂的报价决策过程。决策的过程一般为定性和定量相互结合的过程，研究的方法一般有效用理论、多目标决策技术、AHP 方法、博弈论和信息经济学等研究。

7. 投标文件的编制与递交

在对工程投标报价的方案做出决策后，就可以编写正式的标书。其格式一般由招标单位制定，投标单位在填写前应仔细研究“投标须知”，按规定的要求编制和报送。编制完后，投标单位应由法人签名并盖公章，然后密封，在投标截止日期前送到指定的地方。

9.3.2 投标策略分析[5]

投标策略是指承包商在投标竞争中的系统工作部署及其参与投标竞争的方式和手段，企业在参加工程投标前，应根据招标工程情况和企业自身的实力，组织有关投标人员进行投标策略分析，其中包括企业目前经营状况和自身实力分析、对手分析和机会利益分析等。

投标过程中，如何运用以长制短、以优制劣的策略和技巧，关系到能否中标和中标后的效益。在通常情况下，投标策略有以下几种：

1. 高价赢利策略

这是在报价过程中以较大利润为投标目标的策略。这种策略的使用通常基于以下情况：

（1）施工条件差的工程；

（2）专业要求高的技术密集型工程，而本公司在这方面又有专长，声望也较高；

（3）总价低的小工程，以及自己不愿做、又不方便不投标的工程；

（4）特殊工程，如港口码头、地下开挖工程等；

（5）工期要求急的工程；

（6）投标对手少的工程；

（7）支付条件不理想的工程。

2. 低价薄利策略

指在报价过程中以薄利投标的策略。这种策略的使用通常基于以下情况：

（1）施工条件好的工程，工作简单、工程量大而一般公司都可以做的工程；

（2）本公司目前急于打入某一市场、某一地区，或在该地区面临工程结束，机械设备等无工地转移时；

（3）本公司在附近有工程，而本项目又可利用该工程的设备、劳务，或有条件短期内突击完成的工程；

（4）投标对手多，竞争激烈的工程；

（5）非急需工程；

（6）支付条件好的工程；

3. 无利润算标的策略

缺乏竞争优势的承包商，在不得已的情况下，只好在算标中根本不考虑利润去夺标。这种策略一般在以下情况下采用：

（1）可能在得标后，将大部分工程分包给索价较低的一些分包商；

（2）对于分期建设的项目，先以低价获得首期工程，而后赢得机会创造第二期工程中的竞争优势，并在以后的实施中赚得利润；

（3）长时期内，承包商没有在建的工程项目，如果再不得标，就难以维持生存。因此，虽然本工程无利可图，只要能有一定的管理费维持公司的日常运转，就可设法度过暂时的困难，以图将来东山再起。

9.3.3 投标报价分析

投标报价是承包商采取投标方式承揽工程项目时，计算和确定承包该项工程的投标总价格。业主把承包商的报价作为主要标准来选择中标者，同时也是业主和承包商就工程标价进行承包合同谈判的基础，直接关系到承包商投标的成败，报价是进行工程投标的核心。报价过高会失去承包机会，而报价过低虽然得了标，但会给工程带来亏本的风险。因此，标价过高或过低都不可取，如何做出合适的投标报价，是投标者能否中标的最关键的问题。

1. 投标报价的目标选择

由于投标单位的经营能力和条件不同，出于不同目的的需要，对同一招标项目，可以有不同投标报价目标的选择。

（1）生存型。投标报价是以克服企业生存危机为目标，争取中标可以不考虑种种利益原则。

（2）补偿型。投标报价是以补偿企业任务不足，以追求边际效益为目标。对工程设备投标表现较大热情，以亏损为代价的低报价，具有很强的竞争力。但受生产能力的限制，只宜在较小的招标项目考虑。

（3）开发型。投标报价是以开拓市场，积累经验，向后续投标项目发展为目标。投标带有开发性，以资金、技术投入手段，进行技术经验储备，树立新的市场形象，以便争得后续投标的效益。其特点是不着眼一次投标效益，用低报价吸引投标单位。

（4）竞争型。投标报价是以竞争为手段，以低盈利为目标，报价是在精确计算报价成本基础上，充分估价各个竞争对手的报价目标，以有竞争力的报价达到中标的目的。对工程设备投标报价表现出积极的参与意识。

（5）盈利型。投标投价充分发挥自身优势，以实现最佳盈利为目标，投标单位对效益无吸引力的项目热情不高，对盈利大的项目充满自信，也不太注重对竞争对手的动机分析和对策研究。不同投标报价目标的选择是依据一定的条件进行分析决定的。竞争性投标报价目标是投标单位追求的普遍形式。

2.投标报价的方法选择[6]

合适的投标方法的选择，重要的是来自投标企业主管人员业务经验的长期积累，对客观规律的认识和对实际情况的了解。同时，还取决于企业领导的决策能力。常用的投标方法有以下几种：

（1）靠高水平的经营管理取胜。即通过科学地做好施工组织设计，正确确定施工方案；应用现代化管理技术，采取合理的施工工艺和机械设备；有效地组织材料供应并以较低的价格采购，减少二次搬运和材料消耗；在保证工程质量和工期的前提下，安排均衡施工，避免窝工和人海战术，力争少用人力和资金，从而有把握地降低工程成本，在此基础上降低投标报价。这种投标策略，本质是通过提高企业经营管理水平来降低工程成本，在这个基础上可降低级别报价，提高竞争能力，这是企业采取的最根本的方法。

（2）改进工艺、降低造价。即仔细研究设计图纸，发现不合理或有新产品、新工艺可代替并能降低造价之外，投标时提出修改建议，从而降低工程造价，提高对投标单位的吸引力。

（3）低报价方法，这是企业任务不足时，为了维持生存而采取的一种策略。通过降低利润水平来降低报价，争取中标。有时在新开发地区参加投标，为了开创局面，打开市场，建立信誉，占领阵地，也可采取这种方法。

（4）低价索赔法，这种方法主要着眼于施工索赔，报价较低，往往可以获得较高的利润。采取这种方法，在报价过程中，认真研究报价文件、施工图纸及合同条件，发现较多漏洞时，可以把报价压得低一些，中标后，在施工过程中利用这些漏洞进行索赔，以提高获利机会。

3.计算标价的依据

（1）招标文件，包括工程范围和内容、技术质量和工期的要求等；

（2）施工图纸和工程清单；

（3）现行的建筑工程预算定额、单位估价表及取费标准；

（4）材料预算价格、设备的价格及运费；

（5）施工组织设计或施工方案；

（6）施工现场条件；

（7）影响报价的市场信息及企业内部的相关因素。

4.计算标价的基本过程

承包商通过资格预审，购买到全套招标文件后，即根据工程性质、大小，组织一个经验丰富、决策强有力的班子进行投标报价。根据招标文件的合同形式，采用不同的投标报价，承包工程的合同形式一般有固定总价合同、单价合同、成本加酬金合同等几种，不同的合同形式的计算报价是有差别的，但基本过程是一样的，包括以下步骤：

（1）熟悉和研究招标文件

承包商在标价计算准备阶段，应认真阅读和理解招标文件中的全部内容，包括投标范围、技术要求、商务条件，工程中须使用的特殊材料和设备，此外还应整理出招标文件中含糊不清的问题，有一些问题应及时提请业主或咨询工程师予以澄清。以便在编标报价时，做到心中有数。防止投出的标不符合业主的要求或使报价不合理或漏项。

投标者应该重点注重以下几个方面问题：

1）投标书附录与合同条件

投标书附录与合同条件是工程招标文件十分重要的组成部分，其目的在于使承包商明确中标后应享受的权利和所要承担的义务和责任，以便在报价时考虑这些因素。

① 工期，包括对开工日期的规定、施工期限以及是否有分段、分阶段竣工的要求。工期对制定施工计划和施工方案，确定施工机械设备和人员配备均是重要依据；

② 误期损害赔偿费的有关规定，这对施工计划安排和拖期的风险分析有影响；

③ 缺陷责任期的有关规定，这对何时可收回工程“尾款”、承包商的资金利息和保函费用计算有影响；

④ 保函的要求，保函包括投标保函、履约保函、预付款保函、临时进口施工机具税收保函以及维修保函等。保函数值的要求和有效期的规定，允许开保函的银行限制。这与投标者计算保函手续费和用于银行开保函所需占用的抵押金有重要关系；

⑤ 保险，业主是否指定了保险公司、保险的种类（例如工程一切保险、第三方责任保险、现场人员的人身事故和医疗保险、社会保险等）和最低保险金额；

⑥ 付款条件，是否有预付款，如何扣回，材料设备到达现场并检验合格后是否可以获得部分材料预付款，是否按订货、到工地的时间等分阶段付款。中间付款方法，包括付款比例、保留金比例、保留金最高限额、退回保留金的时间和方法，拖延付款的利息支付等，每次中间付款有无最小限制，业主付款的时间限制等。这些是影响承包商计算流动资金及其利息费用的重要因素。

2）技术说明

研究招标文件中的施工技术说明，熟悉所采用的技术规范。了解技术说明中有无特殊施工技术要求和有无特殊材料设备要求，以及有关选择代用材料、设备的规定，以便根据相应的定额和市场询价，计算有特殊要求项目的价格。

3）报价要求

要注意招标文件中的合同类型，是固定总价合同、单价合同，还是成本加酬金合同或其他种类的合同，根据不同的合同形式，采用不同的投标报价。

应当仔细研究招标文件中的工程量表的编制体系和编制方法。例如是否将施工详图设计、临时工程、机具设备、进场道路、临时水电设施等列入工程量表。对于单价合同方式特别要认真研究工程量的分类方法，及每一子项工程的具体含义和内容。

对某些部位的工程或设备提供，是否必须由业主确定“指定的分包商”进行分包。文件规定总承包商对分包商应提供何种条件，承担何种责任和权利，以及文件是否规定分包商计价方法。

4）承包商风险

认真研究招标文件中，对承包商不利的需承担很大风险的各种规定和条款，例如有的合同中，业主规定“承包商不得以任何理由索取合同价格以外的补偿”，那么承包商就得考虑加大风险的比例。

（2）现场勘察

投标者为了取得有关项目更为翔实的资料，作为投标报价、制定施工方案等的依据，必须进行现场勘察。现场勘察的内容包括：

① 自然地理条件：包括地理位置、地形、地貌、用地范围；气象、水文情况，气温、湿度、风力，年平均和最大降雨量；雨季时间等；地质情况，表层土和下层土的地质构造及特征，地下含水层的埋深厚度及各土层的渗透系数，弹缩性模量等。

② 现场施工条件；包括施工场地四周的地上、地下管线情况；地下障碍物情况；供排水、供电、道路条件等；环境对施工限制，施工操作中的振动、噪声是否构成违背邻近公众利益而触犯环境保护法令，是否需要申请进行爆破的许可；在繁华地区施工时，材料运输、堆放的限制、对公众安全保护的习惯措施；现场周围建筑物是否需要加固、支护等。

③ 社会经济条件，指项目所在地的劳动力、建筑材料、构配件供应情况，价格水平、当地的税率及银行利率等。

（3）复核工程量

招标文件中通常情况下均附有工程量表，投标者应根据图纸仔细核算工程量，当发现相差较大时，投标者不能随便改动工程量，而应致函或直接找业主澄清。对于总价固定合同要特别引起重视，如果业主投标前不予更正，而且是对投标者不利的情况，投标者在投标时要附上声明：工程量表中某项工程量有错误，施工结算应按实际完成量计算。也可以按不平衡报价的思路报价，有时招标文件中没有工程量表，需要投标者根据设计图纸自行计算，按国际承包工程中的惯例形式分项列出工程量表。

无论是复核工程量还是计算工程量，都要求尽可能准确无误。这是因为工程量大小直接影响投标价的高低。特别是对于总价合同来说，工程量的漏算或错算有可能带来无法弥补的经济损失。因此，承包商在核算工程量时，应当结合招标文件中的技术规范弄清工程量中每一细目的具体内容，才不至于在计算单位工程量价格时搞错。如果招标的工程是一个大型项目，而且投标时间又比较短，要在较短的时间内核算工程量细节，是十分困难的。但是即使时间再紧迫，承包商至少也应该核算那些工程量大和造价高的项目。

在核算完全部工程量表中细目后，投标者可按大项分类汇总主要工程总量，对这个工程项目的施工规模有一个全面和清楚的概念，并用以研究采用合适的施工方法，选用适用和经济的施工机具设备。

(4) 编制施工规划

招标文件中要求投标者在报价的同时要附上其施工规划。施工规划内容一般包括施工方案、施工进度计划、施工机械设备和劳动力计划安排以及临建设施规划。制定施工规划的依据是工程范围、设计图纸、技术规范、工程量大小、现场施工条件以及开工、竣工日期。

制定施工规划的原则是在保证工程质量和工期的前提下尽可能使工程成本最低。在这个原则下，投标者要采用对比和综合分析的方法寻求最佳方案。

1) 工程进度计划

在投标阶段，编制的工程进度计划不是工程施工计划，可以粗略一些，一般用横道图表示，但应考虑和满足以下要求：

① 总工期符合招标文件的要求，如果合同要求分期分批竣工交付使用，应标明分期交付的时间和分批交付的数量；

② 标明各主要分部、分项工程的开始和结束时间；

③ 合理安排各主要工序，体现出相互衔接；

④ 有利于基本上均衡安排劳动力，这样可以提高工效和节省临时设施（如工人居住营地、临时性建筑等）；

⑤ 有利于充分有效地利用机械设备、减少机械设备占用周期；

⑥ 制定的计划要有利于资金流动，降低流动资金占用量，节省资金利息。

2) 施工方案

弄清分项工程的内容和工程量，考虑制定工程进度计划的各项要求，即可研究和拟定合理的施工方案，确定施工方法。但是也要注意投标时拟定的施工方案一定要合理和现实，不能只为降低标价争取中标，而造成在实施中很难实现甚至不能实现的局面，由此引起不得不加大成本或采用新的施工方案，常使施工陷于被动。因此，编制施工方案时要比较细致地研究技术规范要求，现场考察时对施工条件要充分了解。制定施工方案要服从工期要求、技术可能性、保证质量、降低成本等方面的综合考虑。

① 根据分类汇总的工程数量和工程进度计划中该类工程的施工周期，合同技术规范要求以及施工条件和其他情况选择和确定每项工程的施工方法；

② 根据工程的施工方法，选择相应的机具设备，并计算所需数量和使用周期，研究确定是采购新设备，或调进现有设备，或在当地租赁设备；

③ 用概略指标估算直接生产劳务数量，考虑其来源及进场时间安排，从所需直接劳务的数量，可参照自己的经验，估算所需间接劳务和管理人员的数量，并可估算生活性临时设施的数量和标准等；

④ 用概略指标估算主要和大宗的建筑材料的需用量，考虑其来源和分批进场的时间安排，从而可以估算现场用于存储、架设的临时设施（例如仓库、露天堆放场、加工场地或工棚等）。

⑤ 根据现场设备、高峰人数和一切生产和生活方面的需要，估算现场用水、用电量，确定临时供电和供排水设施。

⑥ 考虑外部和内部材料供应的运输方式，估计运输和交通车辆的需要和来源。

⑦ 其他必需的临时设施安排，例如现场保卫设施，包括临时围墙或围篱，警卫设施，

夜间照明等，现场临时通信联络设施等。

5.投标报价的技巧[6]

投标时，既要考虑自己公司的优势和劣势，也要分析投标项目的整体特点，按照工程的类别，施工条件等考虑报价策略。

(1) 一般说来下列情况报价可高一些：

① 施工条件差（如场地狭窄、地处闹市）的工程；

② 专业要求高的技术密集型工程，而本公司这方面有专长，声望也高时；

③ 总价低的小工程，以及自己不愿做而被邀请投标时，不便于不投标的工程；

④ 特殊的工程，如港口码头工程、地下开挖工程等；

⑤ 业主对工期要求急的工程；

⑥ 投标对手少的工程；

⑦ 支付条件不理想的工程；

(2) 下述情况报价应低一些：

① 施工条件好的工程，工作简单、工程量大而一般公司都可以做的工程；

② 本公司目前急于打入某一市场、某一地区，以及虽已在某地区经营多年，但即将面临没有工程的情况（某些国家规定，在该国注册公司一年内没有经营项目时，就撤销营业执照），机械设备等无工地转移时；

③ 附近有工程而本项目可以利用该项工程的设备、劳务或有条件短期内突击完成的；

④ 投标对手多，竞争力激烈时；

⑤ 非急需工程；

⑥ 支付条件好，如现汇支付。

9.3.4 具体报价方法技能

1.不平衡报价法

不平衡报价法（Unbalanced bids）也叫前重后轻法（Front loaded)。不平衡报价是指一个工程项目的投标报价，在总价基本确定后，如何调整内部各个项目的报价，以期既不提高总价，不影响中标，又能在结算时得到更理想的经济效益。一般可以在以下几个方面考虑采用不平衡报价法。

但是不平衡报价一定要建立在对工程量表中工程量仔细核对分析的基础上，特别是对报低单价的项目，如工程量执行时增多将造成承包商的重大损失，同时一定要控制在合理幅度内（一般可以在10%左右)，以免引起业主反对，甚至导致废标。如果不注意这一点，有时业主会挑选出报价过高的项目，要求投标者进行单价分析，而围绕单价分析中过高的内容压价，以致承包商得不偿失。

2.计日工的报价

如果是单纯报计日工的报价，可以报高一些。以便在日后业主用工或使用机械时可以多盈利。但如果招标文件中有一个假定的“名义工程量”时，则需要具体分析是否报高价。总之，要分析业主在开工后可能使用的计日工数量确定报价方针。

3.多方案报价法

对一些招标文件，如果发现工程范围不很明确，条款不清楚或很不公正，或技术规范要求过于苛刻时，只要在充分估计投标风险的基础上，按多方案报价法处理。即是按原招标文件报一个价，然后再提出：“如某条款（如某规范规定）作某些变动，报价可降低多少……”，报一个较低的价。这样可以降低总价，吸引业主。或是对某些部分工程提出按“成本补偿合同”方式处理。其余部分报一个总价。

4. 增加建议方案

有时招标文件中规定，可以提出建议方案（Alternatives），即是可以修改原设计方案，提出投标者的方案。投标者这时应组织一批有经验的设计和施工工程师，对原招标文件的设计和施工方案仔细研究，提出更合理的方案以吸引业主，促成自己方案中标。这种新的建议方案可以降低总造价或提前竣工或使工程运用更合理。但要注意的是对原招标方案一定要标价，以供业主比较。增加建议方案时，不要将方案写得太具体，保留方案的技术关键，防止业主将此方案交给其他承包商，同时要强调的是，建议方案一定要比较成熟，或过去有这方面的实践经验。因为投标时间不长，如果仅为中标而匆忙提出一些没有把握的建议方案，可能引起很多后患。

5. 突然降价法

报价是一件保密性很强的工作，但是对手往往通过各种渠道、手段来刺探情况，因此在报价时可以采取迷惑对方的手法。即选按一般情况报价或表现出自己对该工程兴趣不大，到快投标截止时，再突然降价。采用这种方法时，一定要在准备投标报价的过程中考虑好降价的幅度，在临近投标截止日期前，根据情报信息与分析判断，再作最后决策。如果由于采用突然降价法而中标，因为开标只降总价，在签订合同后可采用不平衡报价的思想调整工程量表内的各项单价或价格，以期取得更高的效益。

6. 先亏后盈法

有的承包商，为了打进某一地区，依靠国家、某财团和自身的雄厚资本实力，而采取一种不惜代价，只求中标的低价报价方案。应用这种手法的承包商必须有较好的资信条件，并且提出的施工方案也先进可行，同时要加强对公司情况的宣传，否则即使标价低，业主也不一定选中。如果其他承包商遇到这种情况，不一定和这类承包商硬拼，而努力争第二、三标，再依靠自己的经验和信誉争取中标。

9.3.5 编制投标文件

投标文件应当对招标文件提出的实质性要求和条件作出响应。“实质性要求和条件”是指招标文件中有关招标项目的价格、项目的计划、技术规范、合同的主要条款等，投标文件必须对这些条款作出响应。投标文件是投标者向招标人发出的书面报价，是参加投标竞争的证明文件，也是投标者参加竞争的实力体现。

1. 投标文件的组成

投标人编写的投标文件包括以下内容：

（1）投标书及投标书附录；

（2）投标担保；

（3）投标授权书；

（4）标价的工程量清单；

（5）投标书附表；

（6）资格预审的更新资料（如果有）或资格后审资料（如系资格后审）；

（7）选择方案及其报价（如果有）；

（8）初步的工程进度计划；

（9）主要分项工程的施工方案；

（10）《投标须知》规定的其他资料。

2.投标文件的编制[7]

（1）需编制的文件

依据招标的要求，投标者应对施工技术与进度、施工机械设备、工程材料、施工方案等问题进行详细的文字和图表说明，以及对方案比较、附加条件等做出文字说明，以便于业主审标和评标。这些文件主要有以下几类：

① 施工技术与计划进度。投标时根据工程项目的情况首先确定拟采用的施工技术与方法，据此来初步安排施工进度计划。依据招标规定的工期范围和自己的施工方法及工序安排，可以用横道图或网络图，利用计算机程序优化出最佳的关键线路。编制进度计划时，应考虑节假日、气候条件的影响等，留有一定的余地，又使工序紧凑和工期较短，以利中标和获取效益。

② 施工机械装备报表。施工机械装备应满足该工程项目的需要，符合招标文件的要求。主要包括机械设备的造型或规格、名称、数量、制造厂家、使用年限等。

③ 工程材料的需求说明。投标人投标时，应慎重、主动地说明材料需求量及货源，材料的品牌、规格和产地直接影响到投标的报价，不同品牌、产地的材料其价格有所差异。

④ 建议或比较方案说明与编制。若在招标文件中要求投标单位提出工程分项的建议或比较方案，则投标单位必须编制比较方案，否则招标人认为不符合投标要求。比较方案的编制为投标者中标多了一个机会。若比较方案结构合理，技术先进，又较美观，即使报价略高于原方案也可能中标。

⑤ 项目组织结构及关键人员简历。投标人应拟定为实施本工程所采用的组织结构示意图，并说明关键人员的职责及相互之间的工作关系，使招标人对投标人的人事安排一目了然。关键人员是指投标人为本工程所拟派往现场的主要管理人员，包括项目经理、部门经理、专业组长、高级工程师等人员。关键人员简历表主要介绍其学历和工作经验。

⑥ 其他内容。其他内容包括对施工条件的说明，工程付款的说明，有条件降价优惠说明等，可用投标致函的方式来说明。

（2）需填写的数据及投标文件

① 投标书。招标文件一般有规定的投标书格式，投标人只需填写必要的数据和签字即可，其内容包括：项目名称，建设单位名称，并且要表明投标人完全愿意按招标文件中的规定承担工程施工，建成移交和维修任务，并写明自己的总价金额总工期，提交履约保证的数额等，在最后投标人法人代表或委托代理人等签名。

② 投标保函或投标保证金。根据招标文件要求的投标保证格式，投标人在投标时要填写投标担保金额，寻找担保的银行或保险公司、担保公司等，并写明担保有效期和责任，然后签字盖章。

③ 标有价格的工程量清单。在招标文件所附的工程量清单原件上填写单价和分项细目的总价，每页小计，并汇总出最后报价，若招标文件要求列出单价分析表，则应按招标

文件要求列出单价或综合单价分析表。工程量清单上的每一数字大、小写都必须认真校核，并签字确认。如有修改数据，必须加盖公章并签字。

④ 投标致函。投标者主要在投标致函中就降价优惠、建议方案等作出说明。

3.投标书编制应注意的问题

（1）投标文件的封面格式应与招标文件要求格式一致，确保投标单位名称、投标日期正确，企业法人或委托代理人按照规定签字或盖章，加盖单位公章。

（2）投标文件目录内容从顺序到文字表述应与招标文件要求一致，目录编号、页码、标题必须与内容编号、页码（内容首页）、标题一致。

（3）投标书格式、内容应与招标文件规定相符，填报文件应反复校对，保证分项和汇总计算均无错误，报价金额大小写一致。

（4）修改报价的声明书内容与投标书相同，降价函应按招标文件要求装订或单独递送。

（5）授权书、银行保函、信贷证明必须按照招标文件要求格式填写，法人、委托代理人必须正确签字或盖章，确保委托日期正确、委托权限满足招标文件要求。

（6）投标书承诺与招标文件要求应该吻合，承诺内容与投标书其他有关内容必须一致，对招标文件（含补遗书）及合同条款的确认和承诺，用词要确切，不允许有保留或留有其他余地。

（7）所有投标文件应装帧美观大方，装订成册，按招标文件要求分封，一般分为商务标、技术标。

① 商务标：有关投标者资历（资质证书、营业执照、诚信手册、安全许可证等）财务报表，投标保函、投标综合说明、报价表（工程量清单报价、单价、总价单价分析表等）。

② 技术标：与报价有关的技术规范文件。如施工方案，施工机械设备表、施工进度表、劳动力计划表、材料用量表等，建议方案的设计图纸及有关说明。

总之，投标文件应迎合招标文件中的规定要求，填写、用词应谨慎、认真，防止由于自身纰漏造成投标失败。

9.4 本章小结

本章介绍了基坑回灌工程招投标相关事宜，为后期基坑回灌工程的顺利开展打下坚实的基础。

参 考 文 献

[1] 姚天强，石振华，曹惠宾.基坑降水手册 [M].北京：中国建筑工业出版社，2006.

[2] 胡九华.《中华人民共和国招标投标法实施条例》解读 [J].建筑经济，2012（3）：50-53.

[3] 宋春岩，付庆向.建设工程招投标与合同管理 [M].北京：北京大学出版社，2008.

[4] 宋彩萍.工程施工项目投标报价实战策略与技巧 [M].北京：科技出版社，2007 年 2 月.

[5] 何增勤.工程项目投标策略 [M].天津：天津大学出版社，2008.

[6] 仇树堂.浅议建筑工程施工投标报价的技巧和策略 [J].科技资讯，2010.

[7] 李彦平.投标文件的编制 [J].水科学与工程技术，2008（4）：75-76.